高等职业教育交通土建类专业教材

工程制图
（第 2 版）

主　编　尹　平　徐光华
副主编　李东侠　马　恒

北京理工大学出版社
BEIJING INSTITUTE OF TECHNOLOGY PRESS

内 容 简 介

本书共10章,包括制图的基本知识、投影基础、基本体及其表面交线、组合体、工程物体的常用表达方法、钢筋混凝土结构图、桥梁工程图、涵洞工程图、隧道工程图和机械图。

本书可供高职高专院校土建工程专业、道桥专业及交通运输类专业的工程制图课使用,也可供其他相关专业和工程技术人员参考。

版权专有　侵权必究

图书在版编目（CIP）数据

工程制图/尹平,徐光华主编.—2版.—北京:北京理工大学出版社,2023.8重印

ISBN 978-7-5640-6850-9

Ⅰ.①工…　Ⅱ.①尹…②徐…　Ⅲ.①工程制图-高等学校-教材　Ⅳ.①TB23

中国版本图书馆CIP数据核字（2012）第231014号

出版发行 / 北京理工大学出版社有限责任公司	
社　　　址 / 北京市丰台区四合庄路6号院	
邮　　　编 / 100070	
电　　　话 / （010）68914775（总编室）	
（010）82562903（教材售后服务热线）	
（010）68944723（其他图书服务热线）	
网　　　址 / http://www.bitpress.com.cn	
经　　　销 / 全国各地新华书店	
印　　　刷 / 北京紫瑞利印刷有限公司	
开　　　本 / 787毫米×1092毫米　1/16	
插　　　页 / 1	
印　　　张 / 11.5	
字　　　数 / 276千字	
版　　　次 / 2023年8月第2版第7次印刷	责任编辑 / 李志敏
印　　　数 / 8503~9002册	责任校对 / 周瑞红
定　　　价 / 45.00元	责任印制 / 边心超

图书出现印装质量问题,请拨打售后服务热线,本社负责调换

前　言

为了培养社会和企业需要的应用型人才，本书根据高职高专院校的特点，本着"以应用为目的，以必需、够用为度"的原则，依照最新颁布的国家《技术制图标准》《建筑制图标准》《铁路工程制图标准》及《机械制图国家标准》中的有关规定编写而成。

本书的前五章为投影原理和制图基础部分，第六章为钢筋混凝土结构图，第七、八、九章分别为桥梁、涵洞、隧道工程图，第十章为机械图。本教材适用于铁道工程、道路与桥梁等土建类专业，以及交通运输类专业使用。

在教材内容的选取上，注重紧密联系工程实际应用与专业岗位的需要，突出对学生实践技能的培养；注重学生综合素质的提高。力求做到内容精炼实用，文字叙述简练严谨，通俗易懂，易于学习理解。同时，本书通过例题帮助学生加深理解学习的内容，训练学生看图和绘图的能力，使学生在基本技能、基础知识及各类工程结构图的绘制和识读等方面都得到较扎实的培养和训练。

本次修订过程中，听取了有关工程设计和施工技术人员的建议，并结合任课教师教学过程中的意见反馈，对部分章节的内容作了以下修改和补充：

1. 制图基础部分增加了换面法和平面内的最大斜度线。在组合体中适当增加了画图和读图的实例。
2. 桥梁工程图中增加了钢梁结构图。
3. 机械图中，在常用件部分增加了弹簧的基本知识和画法。
4. 根据制图标准的变化，对相关内容作了修改。

通过内容的补充和调整，使本书的内容更加完善，以满足教学和实践的需要。

同时，与本书配套使用的《工程制图习题集》也针对教材内容进行了相应的修订。

本次修订由尹平、徐光华任主编，李东侠、马恒任副主编。参加编写的有崔亮、李佰玲、徐仁武、封文静、王立娟、胡威凛。

由于编者水平有限，时间仓促，书中难免会有不当之处，恳请广大读者批评指正。

编　者

目 录

绪论 …………………………………………………………………………………………… (1)

第一章 制图的基本知识 …………………………………………………………………… (3)
1.1 制图的基本规定 ……………………………………………………………………… (3)
1.2 绘图工具的用法 ……………………………………………………………………… (14)
1.3 几何作图 ……………………………………………………………………………… (18)
1.4 平面图形的尺寸分析及画图 ………………………………………………………… (21)

第二章 投影基础 …………………………………………………………………………… (26)
2.1 投影法概述 …………………………………………………………………………… (26)
2.2 点的投影 ……………………………………………………………………………… (29)
2.3 直线的投影 …………………………………………………………………………… (34)
2.4 平面的投影 …………………………………………………………………………… (45)
2.5 直线与平面、平面与平面的相对位置 ……………………………………………… (53)

第三章 基本体及其表面交线 ……………………………………………………………… (59)
3.1 三面投影规律 ………………………………………………………………………… (59)
3.2 基本体的投影 ………………………………………………………………………… (59)
3.3 截交线 ………………………………………………………………………………… (65)
3.4 相贯线 ………………………………………………………………………………… (72)

第四章 组合体 ……………………………………………………………………………… (79)
4.1 组合体的组合方式及分析方法 ……………………………………………………… (79)
4.2 组合体的三面投影图 ………………………………………………………………… (81)
4.3 组合体的尺寸标注 …………………………………………………………………… (83)
4.4 读组合体的投影图 …………………………………………………………………… (88)
4.5 组合体的轴测图 ……………………………………………………………………… (93)

第五章 工程物体的常用表达方法 ………………………………………………………… (104)
5.1 六面投影图及镜像投影 ……………………………………………………………… (104)
5.2 剖面图与断面图 ……………………………………………………………………… (105)
5.3 简化画法及其他表达方法 …………………………………………………………… (113)

第六章 钢筋混凝土结构图 (117)

- 6.1 钢筋混凝土的基本知识 (117)
- 6.2 钢筋布置图的图示方法 (120)
- 6.3 钢筋布置图的识读 (122)

第七章 桥梁工程图 (124)

- 7.1 桥位平面图 (124)
- 7.2 全桥布置图 (125)
- 7.3 桥墩图 (126)
- 7.4 桥台图 (130)
- 7.5 钢筋混凝土梁图 (136)
- 7.6 钢梁结构图 (138)

第八章 涵洞工程图 (149)

- 8.1 涵洞的类型及组成 (149)
- 8.2 涵洞工程图的表达方法 (150)
- 8.3 识读涵洞工程图 (150)

第九章 隧道工程图 (154)

- 9.1 隧道的洞门图 (155)
- 9.2 隧道衬砌断面图 (158)
- 9.3 避车洞图 (159)

第十章 机械图 (161)

- 10.1 机械制图标准简介 (161)
- 10.2 标准件和常用件 (165)
- 10.3 零件图 (175)
- 10.4 装配图 (176)

参考文献 (178)

绪　　论

一、本课程的研究对象

工程图样是一种以图形为主要内容，准确地表达工程建筑物的形状、尺寸、材料及施工技术要求等的技术文件。设计者将建筑物或产品的形状、大小、各部分之间的相互关系及技术上、施工上的要求，按照国家标准，准确而详尽地表达在图样上，作为施工和制造的依据。图样也是设计者表达设计意图、交流技术思想的工具，用来指导实践、研究问题、交流经验。工程图样具有形象、生动和一目了然的特点，特别是对建筑物或产品形状结构的描述，是语言和文字无法比拟的。因此，图样被人们形象地比喻为工程界的"语言"。

对于工程技术人员而言，学好这门"语言"，正确地绘制和阅读工程图样，是其进行专业学习和完成本职工作的基础。

二、本课程的学习目的和任务

工程制图是一门介绍绘制和阅读工程图样的原理、规则和方法，培养绘图能力，提高空间思维能力的学科，是工科土建类专业的一门重要的、实践性很强的技术基础课。

（一）本课程的学习目的

本课程的学习目的就是通过学习图示理论与方法，掌握绘制和阅读工程图样的技能。

(1) 理解和掌握正投影法的基本原理和作图方法，了解相关的国家制图标准与规定。

(2) 正确使用常用绘图工具，掌握一定的绘图技能和技巧。

(3) 培养阅读与绘制图样的能力，正确阅读和绘制符合工程制图标准的图样。

(4) 培养学生的空间想象能力和空间构思能力，为创新能力的培养打下坚实的基础。

（二）本课程的学习任务

1. 制图基本知识

学习掌握制图的基础知识和基本规定，培养读图、绘图的能力。介绍制图工具和用品的使用及保养方法，基本的制图标准和平面几何图形的画法，并要在绘图中严格遵守国标的规定。

2. 投影作图

学习绘制和阅读工程图样的基本原理和方法。以投影理论为基础，学习用正投影法表达空间几何体，并用以解决空间几何问题。

3. 工程物体的常用表达方法

学习和掌握工程物体的几种常用表达方法，如六面投影图及镜像投影图、剖面图与断面图、简化画法及其他表达方法等内容。

4. 钢筋混凝土结构图

了解掌握工程中常用的钢筋混凝土结构图，包括钢筋混凝土的基本知识及钢筋布置图。

5. 桥涵、隧道及机械工程图

了解掌握桥涵、隧道及机械工程图的内容和特点，能够运用正投影原理，绘制和阅读工程图图样。

三、本课程的特点和学习方法

工程制图是一门实践性很强的课程，读图和画图的能力必须通过足够的训练才能提高。因此应该做到：

(1)正确使用绘图工具仪器，按正确方法和步骤来画图。

(2)重视基本理论，练好基本功，由物到图，由图到物，要多看多想。

(3)要养成认真负责的工作态度和一丝不苟的工作作风。

(4)为了深刻理解和掌握制图的原理、分析的方法、作图方法，认真听课和复习，及时完成练习。

(5)严格遵守国家标准有关制图方面的规定，并掌握查阅有关标准和资料的方法。

(6)注意画图和看图相结合，物体与图样相结合。要多画多看，注意培养空间想象能力和空间构思能力，自觉培养自学能力、创新能力，以及分析问题和解决问题的能力。

第一章 制图的基本知识

1.1 制图的基本规定

技术图样是表达设计思想、进行技术交流和组织生产的重要技术文件。国家标准对图样的格式、表达方法、尺寸注法等都做了统一规定，即制图标准，在绘图和读图时必须严格遵守。

一、图纸幅面和标题栏

1. 图纸幅面

为便于图样管理，技术制图的相关标准对绘制图样的图纸幅面大小和格式做了统一规定。

图 1-1 表示为图纸的幅面尺寸。图中粗实线所示为基本幅面(第一选择)；细实线(第二选择)和虚线(第三选择)所示的为加长幅面，加长幅面的尺寸是由基本尺寸的短边成整数倍增加后得出的。绘制图样时应优先采用基本幅面，必要时再按规定选择加长幅面。

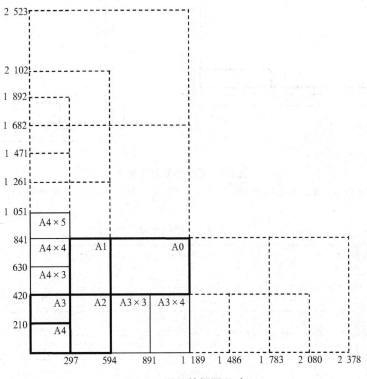

图 1-1　图纸的幅面尺寸

2. 图框格式

图纸上必须用粗实线画出图框,其格式有留装订边和不留装订边两种,但同一产品的图样只能采用一种格式。

留装订边的,如图 1-2(a)、(b)所示;不留装订边的如图 1-2(c)、(d)所示。装订边的尺寸按表 1-1 确定。加长幅面的图框尺寸,按所选用的基本幅面大一号的图框尺寸确定。

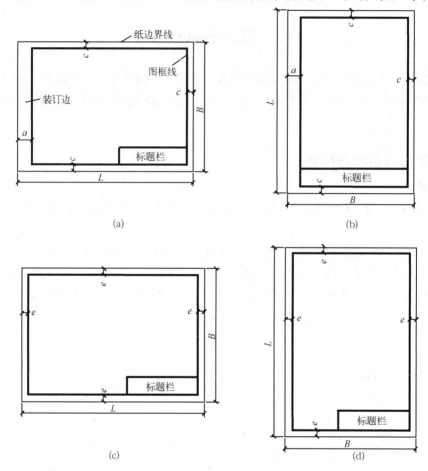

图 1-2　图纸的幅面及格式

(a)留装订边(X 型);(b)留装订边(Y 型);(c)不留装订边(X 型);(d)不留装订边(Y 型)

表 1-1　图框尺寸　　　　　　　　　　　　　　　　　　　　　　　(mm)

幅面代号 尺寸代号	A0	A1	A2	A3	A4
$B×L$	841×1 189	594×841	420×594	297×420	210×297
e	20	20	10	10	10
c	10	10	10	5	5
a	25	25	25	25	25

3. 标题栏

每张图纸上必须画出标题栏。标题栏的格式按国家标准规定画出。标题应位于图纸的右下角，如图 1-2 所示。

标题栏的长边置于水平方向并与图纸长边平行时，则构成 X 型图纸，如图 1-2(a)、(c)所示。若标题栏的长边与图纸的长边垂直，则构成 Y 型图纸，如图 1-2(b)、(d)所示。

为了利用预先印制的图纸，允许将 X 型图纸的短边置于水平位置使用，如图 1-3(a)所示；或将 Y 型图纸的长边置于水平位置使用，如图 1-3(b)所示。看图的方向应与标题栏的方向一致。

学生制图作业建议采用图 1-4 所示的标题栏格式。

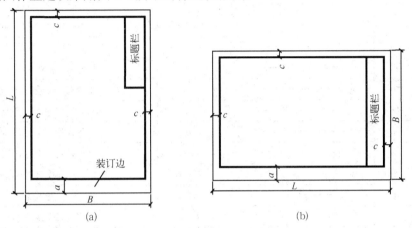

图 1-3　图纸的幅面及格式

(a)X 型图纸竖放；(b)Y 型图纸横放

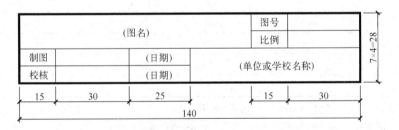

图 1-4　学生作业用标题栏格式

二、图线

1. 图线的形式及应用

工程图线的线型有实线、虚线、点画线、折断线、波浪线等，图线的名称、线型及一般应用如表 1-2 所示。

图线的宽度为 1.4 mm、1.0 mm、0.7 mm、0.5 mm、0.35 mm、0.25 mm、0.18 mm、0.13 mm。图线的宽度分粗、中粗、中、细几种，每个图样应根据复杂程度与比例大小先确定基本线宽 b，再按表 1-3 选用适当的线宽组。同一张图纸内，相同比例的各图样，应选用相同的线宽组。

图框线、标题栏线的宽度按表 1-4 规定的线宽绘制。

线型和线宽的用途见各专业制图标准。

表1-2 图线

名称		线型	线宽	用途
实线	粗	——————	b	主要可见轮廓线
	中粗	——————	$0.7b$	可见轮廓线
	中	——————	$0.5b$	可见轮廓线、尺寸线、变更云线
	细	——————	$0.25b$	图例填充线、家具线
虚线	粗	— — — —	b	见各有关专业制图标准
	中粗	— — — —	$0.7b$	不可见轮廓线
	中	— — — —	$0.5b$	不可见轮廓线、图例线
	细	— — — —	$0.25b$	图例填充线、家具线
单点长画线	粗	—·—·—	b	见各有关专业制图标准
	中	—·—·—	$0.5b$	见各有关专业制图标准
	细	—·—·—	$0.25b$	中心线、对称线、轴线等
双点长画线	粗	—··—··—	b	见各有关专业制图标准
	中	—··—··—	$0.5b$	见各有关专业制图标准
	细	—··—··—	$0.25b$	假想轮廓线、成型前原始轮廓线
折断线	细	—⋀—	$0.25b$	断开界线
波浪线	细	～～～	$0.25b$	断开界线

表1-3 线宽组 (mm)

线宽比	线宽组			
b	1.4	1.0	0.7	0.5
$0.7b$	1.0	0.7	0.5	0.35
$0.5b$	0.7	0.5	0.35	0.25
$0.25b$	0.35	0.25	0.18	0.13

注：1. 需要缩微的图纸，不宜采用0.18 mm及更细的线宽。
2. 同一张图纸内，各不同线宽中的细线，可统一采用较细的线宽组的细线。

表1-4 图框线、标题栏线的宽度 (mm)

幅面代号	图框线	标题栏外框线	标题栏分格线
A0、A1	b	$0.5b$	$0.25b$
A2、A3、A4	b	$0.7b$	$0.35b$

2. 图线的画法

(1)相互平行的图线，最小间距不宜小于图中粗线的宽度，且不宜小于0.7 mm。

(2)同一图样中，同类图线的宽度应基本一致，线条粗细应均匀。虚线、点画线及双点画线的线段长度及间隔宜各自相等，如图1-5(a)所示。

(3)点画线或双点画线的两端应是线段而不是点。点画线与点画线或与其他图线相交时，应是长画线相交。如图形较小，点画线和双点画线在较小图形中绘制有困难时，可用细实线代替。点画线应画出轮廓 2～5 mm。如图 1-5(b)所示。

(4)虚线与虚线或虚线与其他图线相交时，不应留空隙。虚线是实线的延长线时，应留空隙，不得与实线连接，如图 1-5(c)所示。

(5)图线不得与文字、数字或符号重叠、混淆，不可避免时，应首先保证文字等的清晰。图线的应用如图 1-5(d)所示。

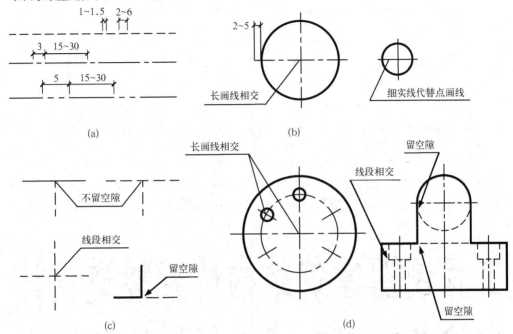

图 1-5　图线画法

(a)虚线、点画线、双点画线画法；(b)点画线相交画法；(c)虚线相交画法；(d)图线应用示例

三、字体

图纸上所需书写的文字、数字或符号等，均应笔画清晰、字体端正、排列整齐；标点符号应清楚正确。

文字的高度应从如下系列中选用：20 mm、14 mm、10 mm、7 mm、5 mm、3.5 mm、2.5 mm。字高也称字号，如 5 号字的字高为 5 mm。如需书写更大的字，其高度应按 $\sqrt{2}$ 的比值递增。

1. 汉字

图样中的汉字宜采用长仿宋体，并应采用国家正式公布的简化字。宽度与高度的关系应符合表 1-5 的规定，即高宽比大约是 $\sqrt{2}$。大标题、图册封面、地形图等的汉字，也可书写成其他字体，但应易于辨认。

表 1-5　长仿宋体字高宽关系　　　　　　　　　　　　　　　　　(mm)

字 高	20	14	10	7	5	3.5
字 宽	14	10	7	5	3.5	2.5

长仿宋体字的书写要领是：横平竖直，注意起落，结构匀称，填满方格。

横平竖直，横笔基本要平，可顺运笔方向稍许向上倾斜2°～5°。注意起落，横、竖的起笔和收笔，撇、钩的起笔，钩折的转角等，都要顿一下笔，以形成小三角和字肩。

要写好长仿宋体，首先要练好基本笔画的特点和写法。我国的汉字多达数万，但仅由八种基本笔画组成——横、竖、撇、捺、点、挑、钩、折，如表1-6。

表1-6 仿宋体笔画书写方法

笔画	横	竖	撇	捺	点	挑	钩	折
形状 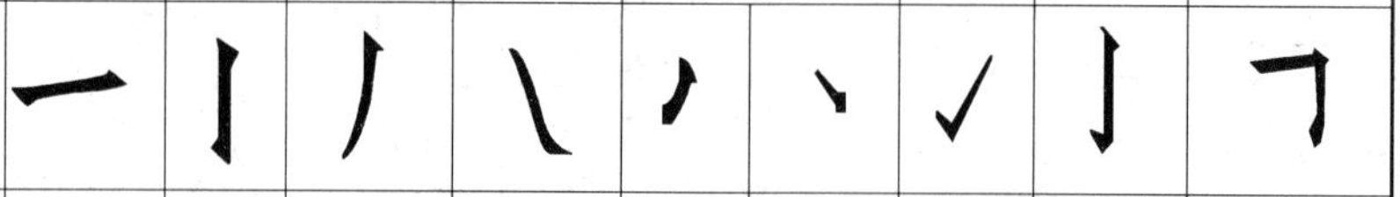	一	丨	丿	乀	丶	ノ	亅	⁊
笔序 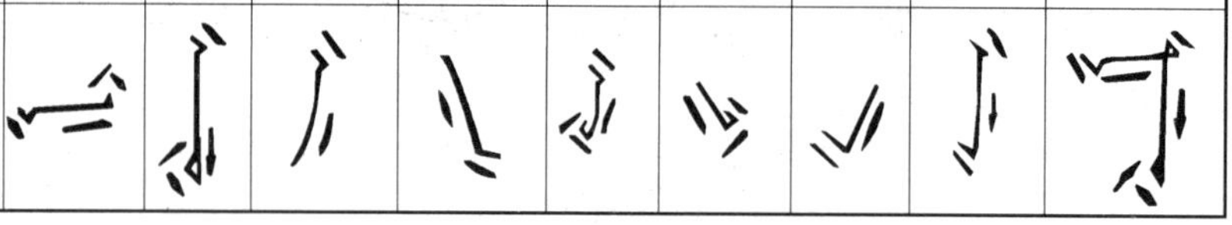								

除练好基本笔画外，还应注意字体结构的特点和写法。即应布局匀称，高宽足格，按汉字笔画的左右结构、上下结构、里外结构等形式，适当分配好字各组成部分的比例和位置，如图1-6所示汉字示例。

10号字

工程制图建筑结构桥梁隧道设计
审核基础施工城市规划设计制造

7号字

工程图样是表达设计思想进行技术交流的重要
工具被称为工程界的语言国家标准技术制图

图1-6 长仿宋体示例

2. 字母和数字

拉丁字母、阿拉伯数字及罗马数字可写成斜体和直体。拉丁字母及数字若写成斜体字，斜体字的字头向右倾斜，与水平线成75°角，斜体字的高度和宽度均与相应的直体相同。

汉字高不小于3.5 mm，数字或字母高不小于2.5 mm。同一图样上，只允许选用一种形式的字体。

笔画宽度：一般字体为字高的十分之一，窄字体为字高的十四分之一。

数字或字母同汉字并列书写时，字高比汉字小1号或2号。字体示例如图1-7所示。

图 1-7 字母、数字示例

四、比例

图样中图形与实物相对应的线性尺寸之比，称为比例。

比例大小指比值大小。比值为 1 的比例为原值比例（1∶1）；大于 1 的比例称为放大比例（如 2∶1）；小于 1 的比例称为缩小比例（如 1∶100）。

比例写在图名右侧，比例符号以"∶"表示，例如 1∶1，1∶100 等。字的底线应取平，比图名字号小一号或两号，横线的长度应以所写的文字所占长短为准，如图 1-8 所示。

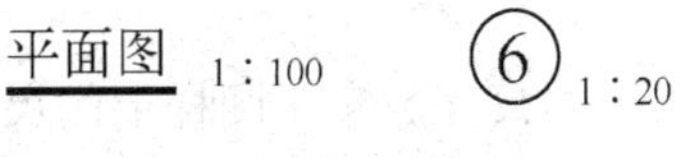

图 1-8 比例的标注

当一张图纸中的各图只用一种比例时，也可把该比例单独书写在图纸标题栏内。绘图时，优先选用表 1-7 中的常用比例，特殊情况下，选用可用比例。

表 1-7 绘图所用比例

常用比例	1∶1 1∶2 1∶5 1∶10 1∶20 1∶50 1∶100 1∶200 1∶500 1∶1 000 1∶2 000 1∶5 000 1∶10 000 1∶20 000 1∶50 000
可用比例	1∶3 1∶15 1∶25 1∶30 1∶40 1∶60 1∶150 1∶250 1∶300 1∶400 1∶600

一般情况下，一个图样应选用一种比例。根据专业制图需要，同一图样可选用两种比例。

在线路纵断面图中，允许铅垂方向和水平方向采用不同的比例。如：线路纵断面图，铅垂方向比例为 1∶1 000；水平方向比例为 1∶5 000。

五、尺寸注法

(一)尺寸的组成

用图线画出的图样只能表示物体的形状,只有标注尺寸才能确定其大小。国家标准《技术制图》规定了尺寸标注的基本规则和方法。

图样上标注的每一个尺寸由尺寸界线、尺寸线、尺寸起止符号和尺寸数字组成,尺寸的标注要求如图1-9所示。

(1)尺寸界线。尺寸界线用细实线绘制,一般应与被注长度垂直,其一端应离开图样轮廓线不小于2 mm,另一端宜超出尺寸线2~5 mm。必要时,图样轮廓线可用作尺寸界线,如图1-9中的尺寸70。

(2)尺寸线。尺寸线应用细实线绘制,应与被注长度平行,且不宜超出尺寸界线。任何图线均不得用作尺寸线。

(3)尺寸起止符号。一般应用中粗斜短线绘制,其倾斜方向应与尺寸界线成顺时针45°角,长度宜为2~3 mm。半径、直径、角度与弧长的尺寸起止符号宜用箭头表示,箭头画法如图1-10所示。

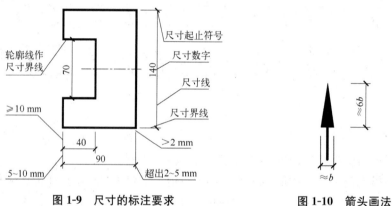

图1-9 尺寸的标注要求　　　　图1-10 箭头画法

(4)尺寸数字。图样上的尺寸,应以尺寸数字为准,不得从图上直接量取。

图样中的尺寸除标高及总图中的坐标、距离宜以米为单位外,其他须以毫米为单位,所注尺寸一律不写单位。如不以毫米为单位,应另加说明。

尺寸数字的读数方向,应按图1-11(a)的规定注写。若尺寸数字在30°斜线区内,直接按图1-11(b)的形式注写。

尺寸数字应依据其读数方向注写在靠近尺寸线的上方中部,如没有足够的标注位置,最外边的尺寸数字可注写在尺寸界线的外侧,中间相邻的尺寸数字可错开注写,也可引出注写,如图1-12所示。

(二)尺寸的排列与布置

尺寸宜标注在图样轮廓以外,不宜与图线、文字及符号等相交。

图线不得穿过尺寸数字,不可避免时,就将尺寸数字处的图线断开,如图1-13所示。

互相平行的尺寸线,应从被注的图样轮廓线由近向远整齐排列,小尺寸应离轮廓线较近,大尺寸应离轮廓线较远。

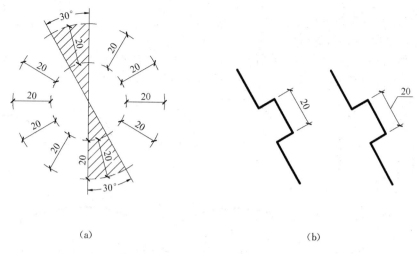

图 1-11 尺寸数字的注写方向

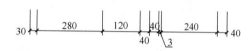

图 1-12 尺寸数字的注写位置

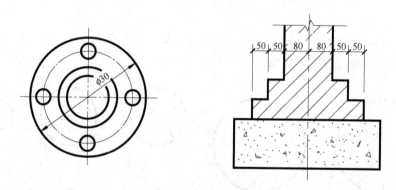

图 1-13 尺寸数字处图线断开

尺寸线间距宜为 5～10 mm，同一幅图应保持一致，如图 1-14 所示。
总尺寸的尺寸界线，应先靠近所指部位，中间的分尺寸的尺寸界线可画成短线。

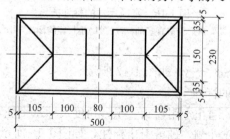

图 1-14 分尺寸、总尺寸线注写排列

(三)其他常用尺寸的注法

1. 半径、直径、球径的标注

圆弧(半圆或小于半圆)应标注半径尺寸,在尺寸数字前加注符号"R",尺寸线的一端从圆心开始,另一端用箭头指至圆弧。半径尺寸标注如图1-15所示。

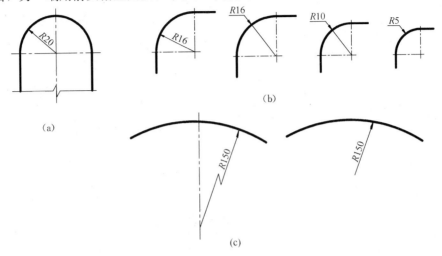

图1-15 半径的标注方法

(a)半径的标注;(b)小圆弧半径的标注;(c)大圆弧半径的标注

圆或大于半圆应标注直径尺寸,直径数字前应加注直径符号"ϕ"。圆内标注的直径尺寸应通过圆心,两端画箭头指至圆弧,如图1-16所示。

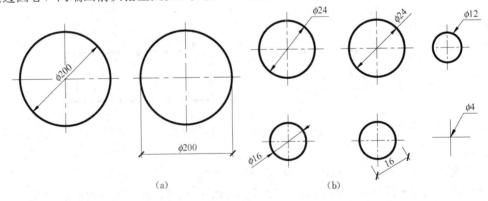

图1-16 直径尺寸的标注方法

(a)一般直径的标注;(b)小直径的标注

球径尺寸数字前加注 SR、$S\phi$,如图1-17所示。

2. 角度、弧长、弦长的标注

角度尺寸线画成圆弧,起止点用箭头表示。角度尺寸水平注写在尺寸线的中断处,必要时可注写在尺寸线的上方或外侧,也可引出标注,如图1-18所示。

弧长的尺寸线为圆弧,尺寸界线应垂直于圆弧的弦,如图1-19(a)所示。

弦长的尺寸注法按直线尺寸的注法,如图1-19(b)所示。

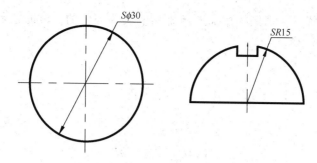

图 1-17 球径的标注方法

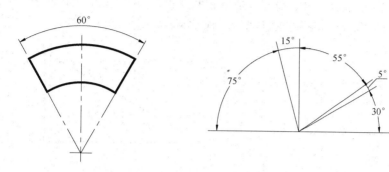

图 1-18 角度尺寸的标注方法

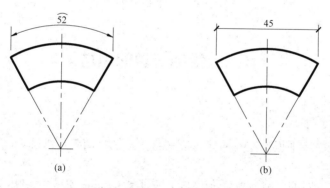

图 1-19 弧长、弦长的标注方法

3. 坡度、标高的标注

(1)坡度的标注。坡度可用直角三角形、百分数、比值数三种形式标注,如图 1-20 所示。

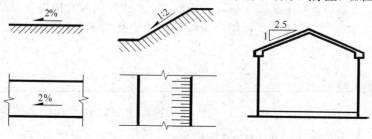

图 1-20 坡度的标注方法

（2）标高的标注符号。当图样中需要特别指明某些部位的标高时，需要标注标高符号。标高的画法如图1-21所示。

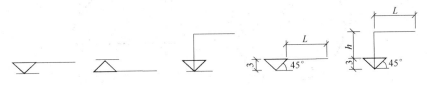

图 1-21　标高符号

4. 简化标注

对于相等间距的连续尺寸，可标注成乘积的形式，如图1-22(a)所示。对于单线条的图，可把长度尺寸数字沿着相应杆件或管线的一侧标注，如图1-22(b)所示。

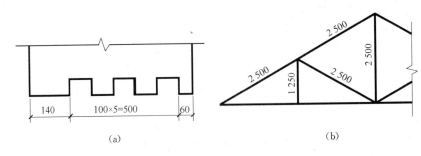

图 1-22　简化标注

1.2　绘图工具的用法

一、图板和丁字尺

图板的工作表面应平坦，左右两导边应平直。图纸可用胶带纸固定在图板上，如图1-23所示。

丁字尺的尺头和尺身的结合处必须牢固。尺头内侧面必须平直，用时紧贴图板的导边。丁字尺主要用来画水平线，画法如图1-23(a)所示。

二、三角板

画图时最好准备一副不小于25 cm的三角板。它和丁字尺配合使用，可画垂直线、30°、45°、60°以及$n \times 15°$的各种斜线，利用三角板画已知直线的平行线和垂直线的方法，如图1-23(b)所示。

三、比例尺

比例尺又叫三棱尺［如图1-24(a)］，它的三个棱面上有六种不同比例的刻度。比例尺只用来量尺寸，不可用来画线，如图1-24(b)所示。

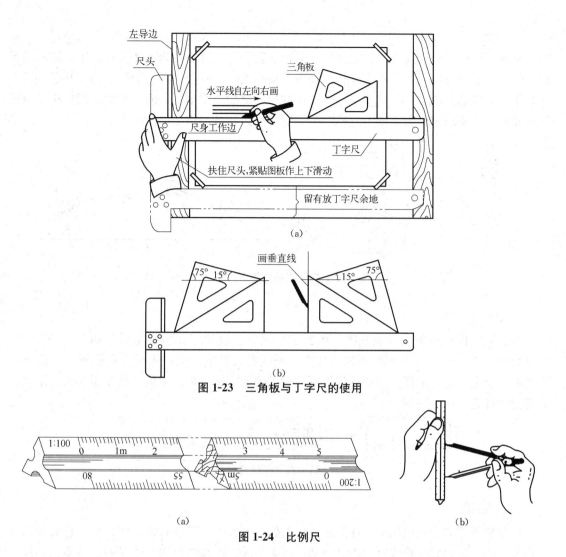

图 1-23 三角板与丁字尺的使用

图 1-24 比例尺

四、绘图仪器

1. 分规

分规是等分线段、移置线段以及从尺上量取尺寸的工具。它的两个针尖必须平齐，其用法如图 1-25 所示。

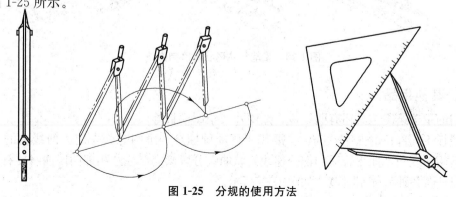

图 1-25 分规的使用方法

2. 圆规

圆规主要用于画圆或圆弧。圆规的一条腿上装铅芯，另一条腿上装钢针。钢针的两端形状不同，一端为台阶，另一端为锥状。画圆或画圆弧时，应使用有台阶的一端，并把它插入图板中。钢针的台阶应与铅笔尖平齐，且钢针与铅笔插腿均垂直纸面。画图时圆规略向前进方向倾斜，以便均匀用力。画大直径圆时，需使用延长杆，用法如图 1-26 所示。

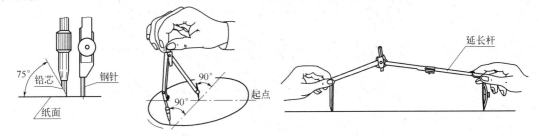

图 1-26 圆规的使用方法

3. 墨线笔

墨线笔的作用是画墨线或描图，由针管、通针、吸墨管和笔套组成，如图 1-27 所示。针管直径有 0.2～1.2 mm 粗细不同的规格。画线时针管笔应略向画线方向倾斜，发现下水不畅时，应上下晃动笔杆，使通针将针管内的堵塞物穿通。墨线笔应使用专用墨水，用完后立即清洗针管，以防堵塞。

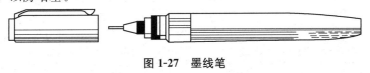

图 1-27 墨线笔

五、铅笔

绘图铅笔笔芯的软硬用 B、H 表示：B 前数字愈大表示铅芯愈软；H 前数字愈大表示铅芯愈硬。绘图时建议画粗线时用 HB 或 B；画细实线、点画线等用 2H 或 H；写字、画尺寸起止符号用 HB。铅笔笔芯需要磨成的形状如图 1-28 所示。

图 1-28 铅笔笔芯形状及磨制方法

六、其他用品

常用的手工绘图工具还有曲线板、擦图片及绘图模板等。

曲线板不同部位的曲率不同，主要用于画非圆曲线。画图时，先定出曲线上的一系列点，然后用曲线板上曲率合适的部分连线，将曲线分段画完。注意相邻两段曲线要有一部分搭接，以使各段曲线光滑过渡，如图 1-29 所示。

图 1-29　曲线板画曲线

擦图片用于保护有用的图线不被擦掉，并且提供一些常用图形符号供绘图时使用，如图 1-30 所示。

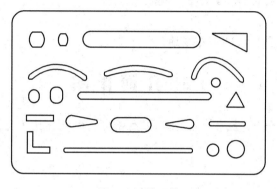

图 1-30　擦图片

绘图模板供专业绘图用，可用于写字时打格、画箭头、画圆、画圆点、画标高符号、画倒角等，如图 1-31 所示。

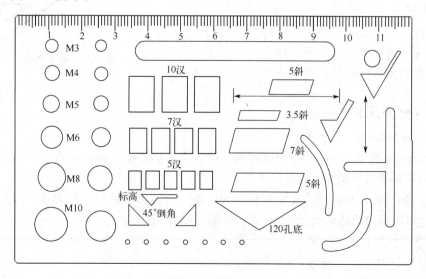

图 1-31　绘图模板

17

七、绘图步骤

1. 准备工作

绘图前准备好工具、仪器及用品，并擦拭干净。确定合适的图纸幅面，固定好图纸。

2. 画底稿

用2H或H铅笔画出图幅、图框及标题栏，再绘制图样底稿，图线要轻、细，尺寸要准确；检查底稿，修改错误，擦去多余线条和辅助作图线。

3. 图线描深

根据需要用铅笔或鸭嘴笔将图形画成铅笔描深图或墨线图，最后再改错，对图样进行修饰。

4. 文字注写

注写尺寸、文字及各种符号，填写标题栏。

5. 结束工作

擦净、整理工具用品，清理工作场地。

1.3 几何作图

线段等分、圆周等分(正多边形)、作斜度和锥度、圆弧连接等几何作图方法，是绘图的基础，应熟练掌握。

一、等分线段

用平行线法等分线段如图1-32所示，做法如下：

(1)过A作任意直线AC，用分规在其上截取适当的长度五等分，得1、2、3、4、5点。

(2)连接5和B点，分别过1、2、3、4点作5B的平行线，这些平行线与AB相交，交点1′、2′、3′、4′即为所求的五等分的等分点。

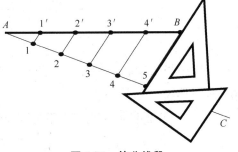

图1-32 等分线段

二、等分圆周和正多边形

1. 六等分圆周和正六边形

图1-33(a)为用圆的半径六等分一圆周。把各点依次连接，即得一正六边形。因此，画此正六边形只要给出外接圆的直径尺寸即可。

图1-33(b)为用三角板配合丁字尺作圆的内接正六边形或外切正六边形。因此，正六边形的尺寸也可以通过给出两对边距离(即内切圆直径)来确定。

2. 五等分圆周和正五边形

圆周五等分如图1-34所示，做法如下：

(1)平分OB得点E。

(2)以E为圆心，EC为半径画弧与AO相交于F点，CF即为五边形边长。

(3) 以 CF 为边长等分圆周，依次连接相邻的等分点，即得正五边形。

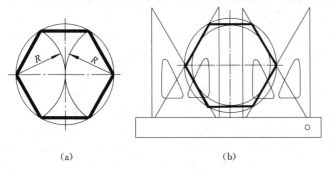
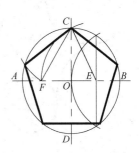

图 1-33　圆周六等分　　　　　　　　　图 1-34　圆周五等分

三、圆弧连接

在绘制平面图形时，常会遇到从一线段（直线或圆弧）光滑地过渡到另一线段的情况。这种光滑地过渡就是两线段相切，在制图中称为连接，切点称为连接点，如图 1-35(a)所示。

圆弧连接的作图方法为：求连接弧的圆心和找出连接点（即切点）的位置。

1. 用圆弧连接两直线

与已知直线相切的圆弧，其圆心的轨迹是一条与已知直线平行的直线，距离为半径 R。从圆心向已知直线作垂线，垂足就是连接点。连接点是连接圆弧的起、止点。作图方法如图 1-35(b)、(c)所示。

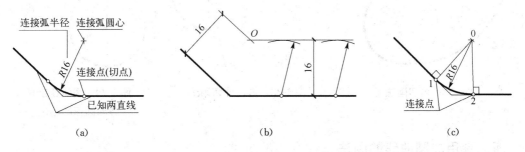

图 1-35　用圆弧连接两已知直线

2. 用圆弧连接两圆弧

与已知圆弧相切的圆弧，其圆心的轨迹为已知圆弧的同心圆，该圆的半径根据相切情况而定：当两圆外切时为两圆半径之和；内切时为两圆半径之差。切点在两圆心连线的延长线与已知圆弧的交点处。

图 1-36 所示为用圆弧外切两已知圆弧的画法。

图 1-37 所示为用圆弧内切两已知圆弧的画法。

图 1-38 所示为圆弧内、外切时的画法。

3. 用圆弧连接一直线和一圆弧

可分为外切圆弧和一直线、内切圆弧和一直线两种情况，图 1-39 所示为外切圆弧和直线的情况。

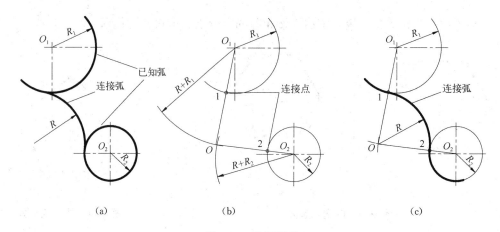

图 1-36 外切画法

(a)已知外切圆弧的半径 R 和半径为 R_1、R_2 的两已知圆弧;
(b)找连接弧的圆心和连接点:分别以 O_1、O_2 为圆心,$R+R_1$、$R+R_2$ 为半径画弧,两弧交点 O 即为连接弧圆心,连接 OO_1、OO_2,它们与已知弧的交点即为连接点;
(c)画连接弧:以 O 为圆心,R 为半径在两连接点之间画连接弧

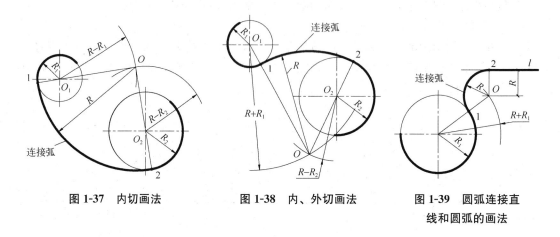

图 1-37 内切画法　　图 1-38 内、外切画法　　图 1-39 圆弧连接直线和圆弧的画法

四、常用非圆曲线的画法

(一)椭圆画法

1. 同心圆法

图 1-40 为用同心圆法作椭圆,作图步骤如下:

(1)分别以长、短轴为半径画出两个同心圆。

(2)过圆心作若干条等分线分别与两个同心圆相交。

(3)过大圆上的等分点作长轴的垂线,过小圆上的等分点作短轴的垂线,得出一系列交点,这些交点即为椭圆上的点。

(4)将各个交点用曲线板光滑连接便得到椭圆。

2. 四心扁圆法

图 1-41 为用四心扁圆法作椭圆,作图步骤如下:

(1)连接 AC,取 $CP=OA-OC$。

(2)作 AP 的垂直平分线，交两轴于 O_3、O_1 两点，并分别取对称点 O_4、O_2。

(3)分别以 O_1、O_2 为圆心，O_1C 为半径画长弧交 O_1O_3、O_1O_4 的延长线于 E、F，交 O_2O_4、O_2O_3 的延长线于 G、H；E、F、G、H 为连接点。

(4)分别以 O_3、O_4 为圆心，O_4G 为半径画短弧，与前面所画长弧连接，即近似地得到所求的椭圆。

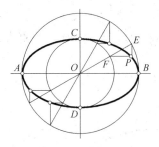
图 1-40 同心圆法作椭圆

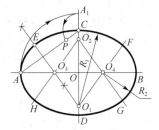
图 1-41 四心扁圆法作椭圆

(二)圆的渐开线画法

一直线在圆周上作无滑动的滚动，该直线上一点的轨迹即为这个圆的渐开线。

图 1-42 为已知圆周直径 D 的渐开线，作图方法如下：

将圆周分成若干等份(图中分为 12 等份)，并把它的展开线也分成相同的等份；过圆周上各等分点向同一方向作圆的切线，在各切线上依次截取分别等于绕圆周的展开长度，得一系列点 Ⅰ、Ⅱ、Ⅲ、…、Ⅻ，将这些点用曲线板光滑地连接即得所求渐开线。

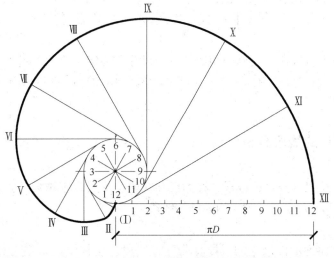

图 1-42 渐开线画法

1.4 平面图形的尺寸分析及画图

平面图形由直线线段、曲线线段，或直线线段和曲线线段共同构成。平面图形的大小(含线段长度)及其相对位置都由尺寸确定；而平面图形能否正确地画出及画图的先后顺序也与所给的尺寸有关。

一、平面图形的尺寸分析

1. 尺寸基准

确定尺寸位置的点、线或面称为尺寸基准。通常将对称图形的对称线、大圆的中心线或圆心、重要的轮廓线或端面等作为尺寸基准。平面图形通常在水平及垂直两个方向上有尺寸基准,且在同一个方向上往往有几个尺寸基准,其中一个为主要尺寸基准,其余为辅助尺寸基准,如图 1-43 中水平方向的主要尺寸基准为手柄左侧较长的直线,垂直方向的主要尺寸基准为轴线。

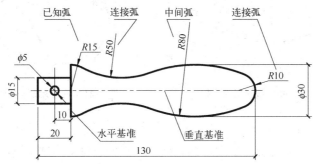

图 1-43 平面图形中的线段和尺寸分析

2. 定形尺寸

确定平面图形形状及线段长度的尺寸称为定形尺寸,如直线的长度、圆及圆弧的直径(半径)、角度的大小等,图 1-43 中的 $\phi15$、$R15$、$R80$ 等均为定形尺寸。

3. 定位尺寸

确定平面图形上各线段或线框间相对位置的尺寸称为定位尺寸。图 1-43 中确定 $\phi5$ 小圆的位置尺寸 10 是定位尺寸。有时一个尺寸可以兼有定形和定位两种作用,如 $R10$ 既是定位尺寸也是定形尺寸。

二、平面图形的线段分析

1. 已知线段

定形尺寸和定位尺寸齐全的线段,称为已知线段。画图时应先画出已知线段,如图 1-43 中的 $\phi5$、$R15$、$R10$、$\phi15$、20 等,均为已知线段。

2. 连接线段

将有定形尺寸而无定位尺寸的线段称为连接线段。这种线段根据与相邻线段的连接关系,可用几何作图的方法画出,如图 1-43 中的 $R50$ 是连接弧。

3. 中间线段

将有定形尺寸但定位尺寸不全,或虽有定位尺寸但无定形尺寸的线段,称为中间线段,它是介于已知线段与连接线段之间的线段,画图时也应根据与相邻线段的连接关系画出,如图 1-43 中的 $R80$ 是中间弧。

两条光滑连接的已知线段之间,中间线段可多可少,但只能有一条连接线段。

三、平面图形的画图步骤

画平面图形要先对其进行尺寸分析和线段分析,由此确定画图步骤。画图步骤如下(图1-44):

(1)画出基准线,并根据各个封闭图形的定位尺寸画出定位线;
(2)画已知线段;
(3)画中间线段;
(4)画连接线段;
(5)检查后描深;
(6)画出尺寸界线、尺寸线,标注全部尺寸。

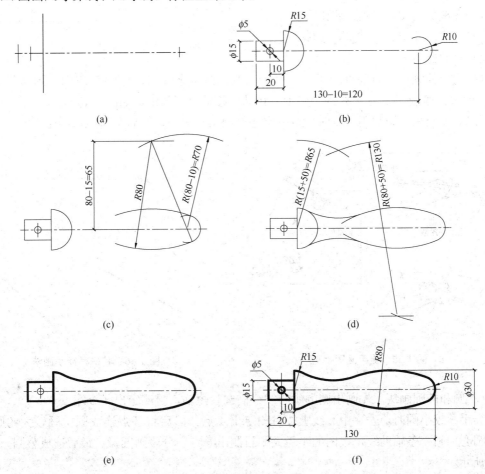

图 1-44 平面图形的画图步骤
(a)画基准线;(b)画已知线;(c)画中间线;(d)画连接线;(e)检查描深;(f)标注尺寸

四、平面图形的尺寸标注

标注尺寸时,应做到完整、清晰,符合国家标准。一般步骤如下:
(1)分析图形,选定尺寸基准。

(2)分析各组成部分的关系。确定已知线段、中间线段和连接线段(中间线段可有、可无)。
(3)对每个组成部分先注出定形尺寸,再注出定位尺寸。
(4)检查整理,完成标注。
图 1-44(f)为手柄的常见注法。

五、徒手图作图方法

徒手图又叫草图,它是通过目测估计图形与实物的比例作出的图样。在测绘或计算机绘图之前,常要先作出徒手图进行分析、交流以表达设计思想。因此工程技术人员应具备徒手画图的能力。

画草图的要求:
(1)图线的线型应清晰,粗细分明。
(2)标注尺寸准确、完整,字体工整。

草图的画法:
(1)直线的画法。画垂直线时自上而下运笔;画水平线时以顺手为原则,图纸可斜放。画短线,以手腕运笔,画长线则手腕不要转动,移动手臂画出,如图 1-45 所示。
(2)角度画法。画常用角度时,按一定比例画出直角边,然后画斜线,如图 1-46 所示。

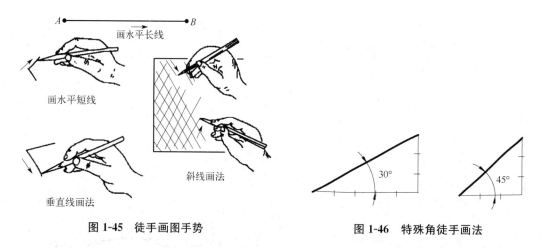

图 1-45　徒手画图手势　　　　图 1-46　特殊角徒手画法

(3)圆和椭圆画法。先画出圆的中心线或椭圆长短轴,目测定出 4 个端点。

徒手画较小圆时,先在中心线上按目测定出 4 点,然后将各点连成圆;画较大的圆时,通过圆心加画 4 条辅助线,按图的半径大小目测出 8 点,分段画圆弧,最后连成整圆,如图 1-47 所示。

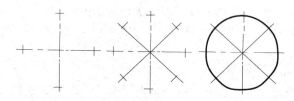

图 1-47　圆的徒手画法

画椭圆时,目测定出长、短轴上的 4 个端点,过这 4 个端点画一矩形,引矩形对角线,定出椭圆曲线上的点,然后分段画出 4 段弧所组成的椭圆,如图 1-48 所示。

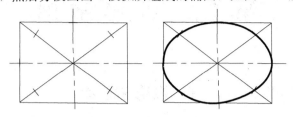

图 1-48　椭圆的徒手画法

第二章 投影基础

2.1 投影法概述

物体在灯光或阳光照射下,在地面或墙面会产生影像。投影法就是根据这一自然现象抽象出来的,即投射线通过物体向选定的平面投射,在该平面上得到图形的方法。根据投影法得到的图形称为投影图,简称投影。得到投影的平面称为投影面。所有投射线的起源点称为投射中心,通过物体上各点的直线称为投射线,如图 2-1 所示。

工程图样的绘制是以投影法为依据的。常用的投影法是中心投影法和平行投影法。

一、中心投影法

投射线从一点出发,通过物体,向选定的平面投射,并在该平面上得到图形的方法叫做中心投影法,如图 2-1 所示。中心投影法主要用于绘制建筑物的透视图。

在图 2-1 中,点 a 为投射线与投影面 P 的交点,叫做 A 点在投影面 P 上的投影。△abc 为空间△ABC 的投影。

二、平行投影法

若将投射中心 S 按指定方向移到无穷远处,则所有的投射线将相互平行(图 2-2),这种投射线互相平行的投影方法,叫做平行投影法。

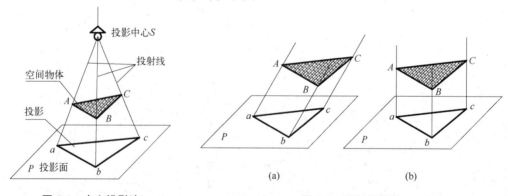

图 2-1 中心投影法　　　　　图 2-2 平行投影法

在平行投影法中,根据投射线与投影面的关系又可分为正投影法和斜投影法。

(1)斜投影法:投射线与投影面倾斜的平行投影法,叫做斜投影法,如图 2-2(a)所示。

(2)正投影法:投射线与投影面垂直的平行投影法,叫做正投影法。按正投影法绘制的图形叫做正投影图,简称正投影,如图 2-2(b)所示。

正投影又按投影面的多少而分为单面正投影和多面正投影。多面正投影由于度量性好,作图简便,因此在工程上应用广泛。

三、正投影的投影特性

(1) 实形性。平行于投影面的直线段或平面图形，其投影反映直线段的实长或平面的实形，如图2-3(a)所示。

(2) 积聚性。垂直于投影面的直线段或平面图形，其投影积聚为一点或一条直线，如图2-3(b)所示。

(3) 类似性。倾斜于投影面的直线段或平面图形，其线段投影短于线段实长，或平面图形投影面积小于实形，如图2-3(c)所示。

(4) 平行性。空间平行的直线，在同一投影面上的投影仍互相平行，如图2-3(d)所示。

(5) 定比性。空间线段上，点分线段为两段，该两段线段实际长度之比等于相应线段投影长度之比，即 $AK/KB=ak/kb$，如图2-3(e)所示。

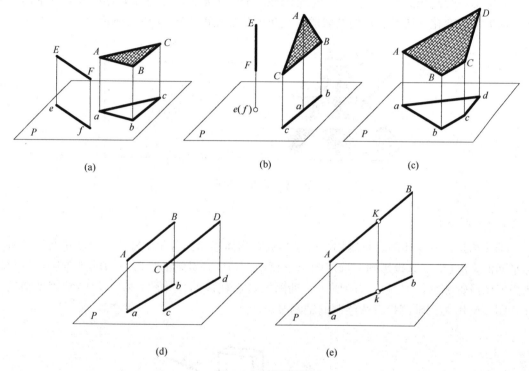

图 2-3 正投影特性

四、工程上常用的投影图

1. 正投影图

运用正投影法使形体在互相垂直的多个投影面上投影得到的图形为正投影图。正投影又按投影面的多少而分为单面正投影和多面正投影。多面正投影由于度量性好，作图简便，因此在工程上得到广泛应用，如无特殊说明，本书所涉及的投影，均为正投影。

2. 透视投影图

采用中心投影原理绘制的具有逼真立体感的单面投影图为透视投影图（透视图）。透视图的图形和人的眼睛在投影中心位置时所看到的形象或摄影机放在投影中心所拍的照片一样，十分逼真。但作图复杂，形体尺寸不能在投影图中度量和标注，不能作为施工的依据，仅在建筑及室内设计、工艺美术及广告宣传中采用,如图 2-4 所示。

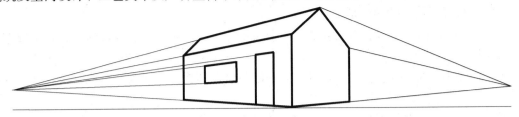

图 2-4 透视投影图

3. 标高投影图

标高投影图是标有高度值的水平正投影图,即将一段地面的等高线投影在水平的投影面上,并标出各等高线的高程,从而表达出本段地面的地形。在工程中,标高投影图常用于表示地面的起伏变化、地形、地貌及船舶、汽车的外形曲面等,如图2-5所示。

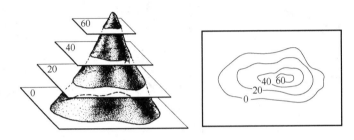

图 2-5 标高投影图

4. 轴测投影图

轴测图是一种立体图。是运用平行投影法将物体连同其直角坐标系,沿不平行于任一坐标平面的方向(S)一起投影到一选定的单一投影面(P)上得到的投影,为轴测投影,也叫轴测投影图或轴测图,如图 2-6(a)所示。轴测图具有较强的立体感,在工程中常用做辅助图样,图 2-6(b)为用轴测投影法绘制的轴测投影图。

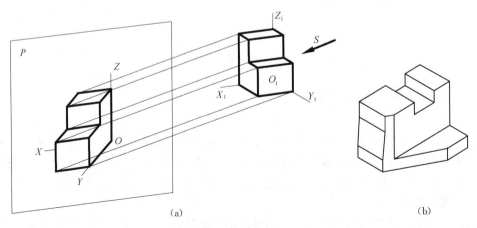

(a)   (b)

图 2-6 轴测投影图

2.2 点的投影

点、直线和平面是构成形体的基本几何元素,其投影规律是绘图和读图的基础。

一、点的两面投影

1. 两投影面体系

点的一个投影不能确定点的空间位置,故采用两个互相垂直的投影面,形成了两投影面体系(图 2-7)。水平放置的平面,称为水平投影面(或水平面),用 H 表示;正面放置的投影面称为正立投影面(简称正面),用 V 表示。两个投影面的交线 OX 称为投影轴。V 面和 H 面将空间划分为四个区域,每一区域叫做分角。H 的上半部分,V 的前半部分为第 I 分角;H 的上半部分,V 的后半部分为第 II 分角,其余为第 III、第 IV 分角,如图 2-7 所示。我国制图标准规定,工程图样采用第 I 分角画法。本书主要介绍物体在第 I 分角中的投影。

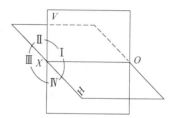

图 2-7 两投影面体系

2. 点的两面投影图及两面投影特性

如图 2-8(a)所示,将空间点 A 分别向 V 和 H 两个投影面投射,得到点 A 的两个投影 a 和 a',a 称为空间点 A 的水平投影,a' 称为空间点 A 的正面投影。

空间点用大写字母表示,如 A、B、C;其投影都用相同读音的小写字母表示,其中正面投影加一撇,如 a'、b'、c';水平投影不加撇,如 a、b、c;侧面投影加两撇,如 a''、b''、c''。

图 2-8(a)所示为点 A 在第 I 分角投影的情形。

过点 A 分别向 H、V 作垂线,垂足 a 为点 A 的水平投影,垂足 a' 为点 A 的正面投影。Aa 和 Aa' 组成一个平面,aa_x、$a'a_x$ 分别是该平面与 H、V 的交线。并且 $aa_x \perp X$ 轴、$a'a_x \perp X$ 轴,a_x 是平面 Aaa_xa' 和 X 轴的交点,可见 Aaa_xa' 是个矩形。因此,$Aa' = aa_x$,$Aa = a'a_x$。

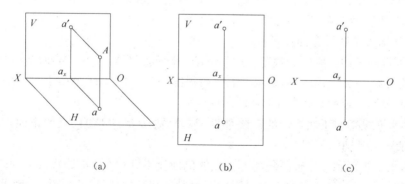

图 2-8 点在两投影面体系中的投影

实际作图时,需要把相互垂直的两个投影面展开到一个平面内。展开的方法是:规定 V 面不动,H 面绕 X 轴向下旋转 $90°$。展开后得到如图 2-8(b)所示的点 A 的两面投影图。由于平面是没有边界的，不必画出边框。去掉边框后的投影图，如图2-8(c)所示。由以上分析得出点在两投影面体系中的投影特性为：

(1) $aa' \perp OX$ 轴，即点的水平投影和正面投影的连线垂直于 X 轴。

(2) $aa_x = Aa'$，即点的水平投影到 X 轴的距离等于空间点到 V 面的距离，用 y 表示；

(3) $a'a_x = Aa$，即点的正面投影到 X 轴的距离等于空间点到 H 面的距离，用 z 表示。

3. 其他分角内点的投影

如图2-9所示，第Ⅰ分角内的点 A，在 V 和 H 上的两投影在 OX 轴的两侧，a' 在 OX 轴上方，a 在 OX 轴下方。第Ⅱ分角内的点 B，在 V 和 H 上的两投影 b'、b 都在 OX 轴的上方。第Ⅲ分角内的点 C，在 V 和 H 上的两投影也在 OX 轴的两侧，但 c' 在 OX 轴的下方、c 在 OX 轴的上方。第Ⅳ分角内的点 D，在 V 和 H 上的两投影 d'、d 都在 OX 轴的下方。

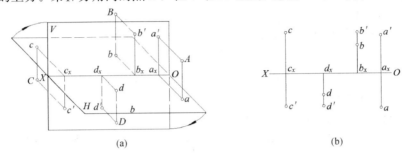

图2-9 点在各分角中的投影

二、点的三面投影

点的两面投影虽可决定点的空间位置，但解决某些较复杂的几何关系或欲表达清楚物体的形状时，往往需要三个或更多的投影。

1. 三投影面体系

在两投影面体系(V/H)的基础上增加一个侧立投影面(简称侧面或 W 面)，W 面同时垂直于 H、V 面。三个投影面的交线 OX、OY、OZ 称为投影轴，三个投影轴的交点 O，称为原点。

空间点的侧面投影规定用带两撇的小写字母标记，如 a'' 即表示点 A 的侧面投影。

如图2-10所示为点在三投影面体系中的投影。

2. 点的三面投影图及三面投影特性

为了得到点的三面投影图，规定：V 面不动，H 面绕 OX 向下、W 面绕 OZ 向后，各旋转90°与 V 面重合，如图2-10(b)所示，展开后得图2-10(c)、(d)所示的投影图。

点的三面投影的投影特性如下(图2-10)：

(1) 点的水平投影与正面投影的连线垂直于 OX 轴($a'a \perp OX$)；点的正面投影与侧面投影的连线垂直于 OZ 轴($a'a'' \perp OZ$)。

(2) 点的水平投影到 OX 轴的距离等于点的侧面投影到 OZ 轴的距离($aa_x = a''a_z$)。

按照点的投影特性，在点的三面投影中，只要已知其中任意两个投影，就可作出它的第三个投影。

作图时，可自 O 点作45°的辅助线来实现 a 和 a'' 的联系，从 a 引的 OY_H 轴的垂直线和从 a'' 引的 OY_W 轴的垂直线必与这条辅助线交于一点，如图2-10(c)所示。也可按图2-10(d)的方式作图。

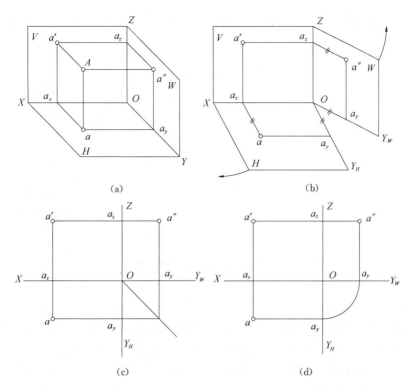

图 2-10 点在三投影面体系中的投影

例 2-1 如图 2-11(a)所示,已知点 A 的正面投影 a' 和水平投影 a,作出其侧面投影 a''。

作图 如图 2-11(b)。

(1)自原点 O 作 45°辅助线。

(2)过 a 作 Y_H 轴的垂线,与辅助线相交。

(3)过交点作 Y_W 轴的垂线与过 a' 所作 OZ 轴的垂线相交,交点即为 a''。

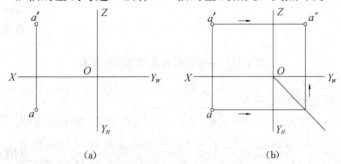

图 2-11 作点的第三投影

3. 特殊位置点的投影

位于投影面上、投影轴上及原点上的点,称为特殊位置的点,其投影如图 2-12 所示。

(1)位于投影面上的点,一个投影在投影面上与空间点重合,另外两个投影在投影轴上,如图 2-12 中 A 点和 B 点的投影。

(2)位于投影轴上的点，两个投影与空间点重合，另一个投影在原点，如图 2-12 中 C 点的投影。

(3)位于原点的点，三个投影都在原点与空间点重合。

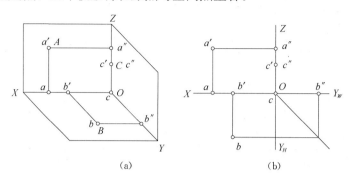

图 2-12 特殊位置点的投影

4. 点的投影与坐标关系

在图 2-13(a)中，如把投影面当做坐标面，投影轴当做坐标轴，O 为坐标原点。空间点 A 的位置可以用(x_A, y_A, z_A)三个坐标确定。点的任何两个投影都包含了三个坐标，因此已知点的两个投影即可确定点的空间位置；已知点的三个坐标，则可确定点的三面投影并画出其投影图，如图 2-13(b)所示。

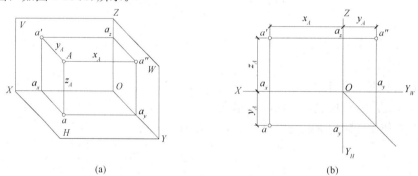

图 2-13 点的投影与直角坐标的关系

点的投影与坐标之间的关系为：

$$x_A = Oa_x = a_z a' = a_y a = Aa'' = 空间点 A 到 W 面的距离$$
$$y_A = Oa_y = a_x a = a_z a'' = Aa' = 空间点 A 到 V 面的距离$$
$$z_A = Oa_z = a_x a' = a_y a'' = Aa = 空间点 A 到 H 面的距离$$

例 2-2 已知点 A 的坐标(25，15，20)，求 A 点的三面投影。

作图 如图 2-14 所示。

(1)画出坐标轴和45°辅助线。

(2)自 O 点沿 X 轴量取 25 确定 a_x，过 a_x 作投影连线垂直 OX。

(3)在 X 轴垂线上量取 $a_x a = 15$，$a_x a' = 20$，求出 a、a'。

(4)根据投影特性，利用45°辅助线由 a'、a，求出 a''。

例 2-3 已知点 C 的坐标(15，25，0)，求出 C 点的三面投影。

作图 如图 2-15 所示：

(1)画出坐标轴和 45°辅助线；

(2)自 O 点沿 X 轴量取 15 确定 c_x，由于 $z_c=0$，c_x、c' 重合，即 c' 在 OX 轴上；

(3)在 X 轴垂线上量取 $c_x c=25$，确定 c；

(4)根据投影特性，利用 45°辅助线，由 c'、c，求出 c''。

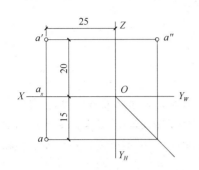 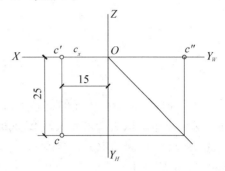

图 2-14 已知点的坐标求投影　　　　图 2-15 投影面内点的投影

三、两点间的相对位置及重影点

1. 两点的相对位置

利用投影图上点的各组同面投影坐标值的大小，可以判断出空间两点的前后、左右、上下等位置关系。x 坐标大的在左；y 坐标大的在前；z 坐标大的在上。如图 2-16(a)所示：

从水平(或正面)投影可以看出 $x_A < x_B$，说明点 A 在点 B 之右；

从水平(或侧面)投影可以看出 $y_A < y_B$，说明点 A 在点 B 之后；

从正面(或侧面)投影可以看出 $z_A > z_B$，说明点 A 在点 B 之上。

图 2-16(b)所示为点 A 和点 B 相对位置关系的直观图。

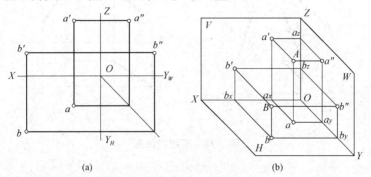

图 2-16 两点相对位置关系

2. 重影点

位于同一投射线上的空间两点，它们在与投射线相互垂直的投影面上的投影重合，称为重影点。如图 2-17 所示的 A、B 两点，位于垂直 V 面的投射线上，所以它们的正面投影 a'、b' 重合，即 $x_A = x_B$，$z_A = z_B$，但 $y_A > y_B$，因此点 A 位于点 B 的前方。利用这对不等的坐标值，可以判断重影点的可见性。

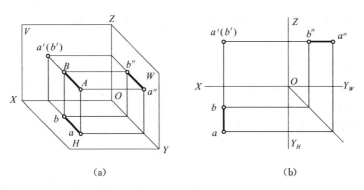

图 2-17 重影点

判别可见性时规定：对 H 面的重影点从上向下看，z 坐标值大者可见；对 V 面的重影点从前向后看，y 坐标值大者可见；对 W 面的重影点从左向右看，x 坐标值大者可见。在图 2-17 中，A、B 为对 V 面的重影点。因 $y_A > y_B$，故 a' 可见而 b' 不可见，不可见的投影加圆括弧，如图 2-17 中的 (b')。

2.3 直线的投影

直线的投影一般仍为直线，特殊情况积聚为点。空间两点确定一条直线，所以直线的投影可由直线上两点的投影来确定，如图 2-18(a)。

作图时，先分别作出直线 A、B 两端点的正面投影 a'、b'，水平投影 a、b，侧面投影 a''、b''，然后将其同面投影连接起来，即可求出直线 AB 的 V 面投影 $a'b'$、H 面投影 ab 及 W 面投影 $a''b''$，如图 2-18(b) 所示。

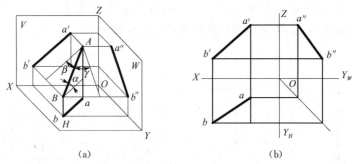

图 2-18 直线的投影

直线按其与投影面的相对位置分三种：一般位置直线、投影面平行线和投影面垂直线。投影面平行线和投影面垂直线又称为特殊位置直线。下面分别讨论这三类直线的投影特性。

一、各种位置直线的投影

1. 投影面平行线

平行于某一个投影面，且与另外两个投影面倾斜的直线称为投影面平行线。根据其所平行的投影面的不同，投影面平行线可分为：正平线——平行于 V 面，且与 H、W 面倾斜的直线；水平线——平行于 H 面，且与 V、W 面倾斜的直线；侧平线——平行于 W 面，且与 H、V 面倾斜的直线。

投影面平行线的投影特性见表 2-1。

表 2-1 投影面平行线

名称	轴测图	投影图	投影特性
水平线			(1)$a'b'\mathbin{/\mkern-6mu/}OX$；$a''b''\mathbin{/\mkern-6mu/}OY_W$。 (2)$ab=AB$。 (3)反映 β、γ 角
正平线			(1)$cd\mathbin{/\mkern-6mu/}OX$；$c''d''\mathbin{/\mkern-6mu/}OZ$。 (2)$c'd'=CD$。 (3)反映 α、γ 角
侧平线			(1)$ef\mathbin{/\mkern-6mu/}OY_H$；$e'f'\mathbin{/\mkern-6mu/}OZ$。 (2)$e''f''=EF$。 (3)反映 α、β 角

由表 2-1 得出投影面平行线的投影特性为：

(1) 直线在所平行的投影面上的投影反映实长及直线对另外两个投影面的实际倾角。

(2) 直线在另外两个投影面上的投影均缩短，且平行于相应的投影轴。

2. 投影面垂直线

垂直于某一个投影面，且与另两个投影面平行的直线称为投影面垂直线。

根据其所垂直的投影面不同，投影面垂直线分为：铅垂线——垂直于 H 面，且与 V、W 面平行的直线；正垂线——垂直于 V 面，且与 H、W 面平行的直线；侧垂线——垂直于 W 面，且与 H、V 面平行的直线。

投影面垂直线的投影特性见表 2-2。

表 2-2 投影面垂直线

名称	轴测图	投影图	投影特性
铅垂线	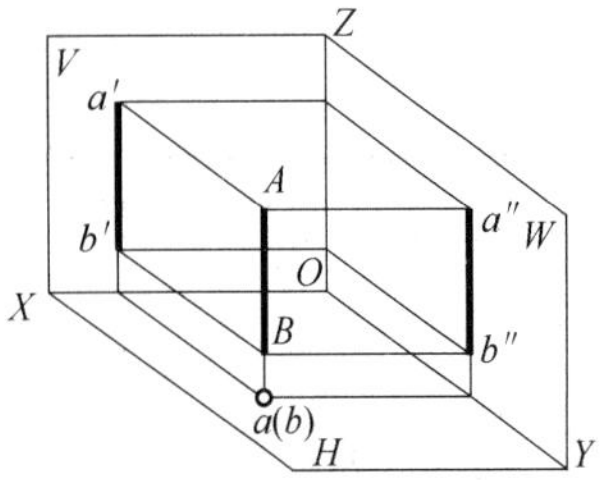	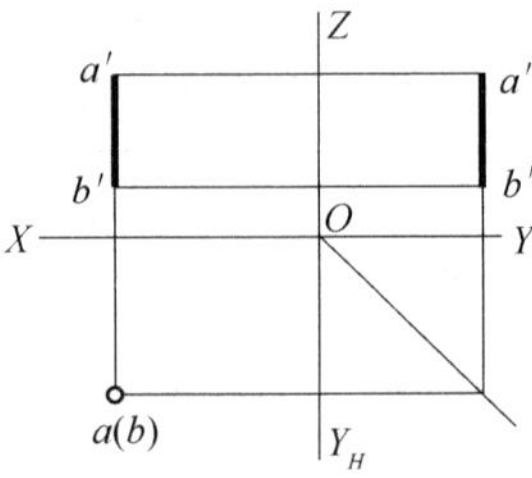	(1)ab 积聚为一点。 (2)$a'b' \perp OX$； 　　$a''b'' \perp OY_W$。 (3)$a'b' = a''b'' = AB$
正垂线	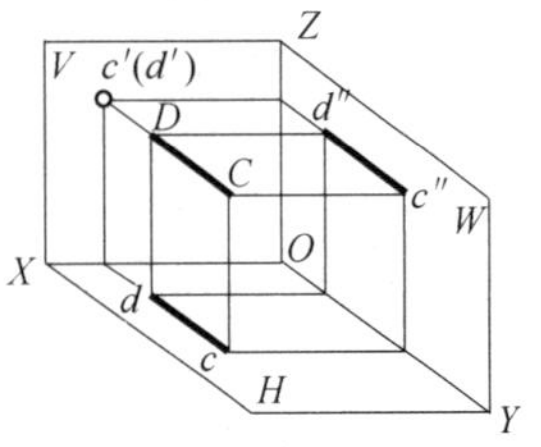	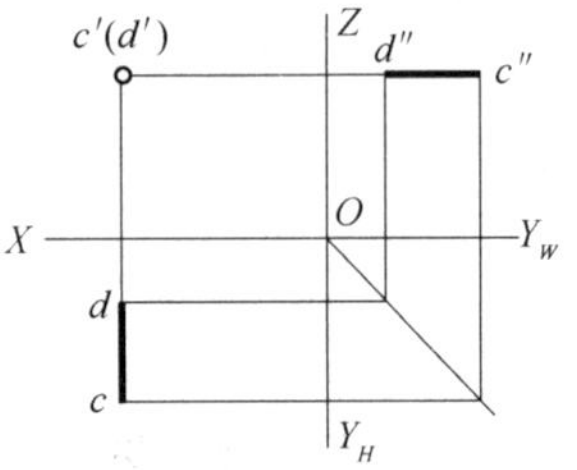	(1)$c'd'$ 积聚为一点。 (2)$cd \perp OX$； 　　$c''d'' \perp OZ$。 (3)$cd = c''d'' = CD$
侧垂线	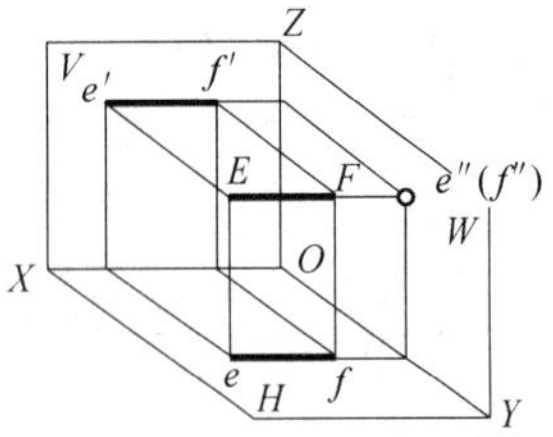	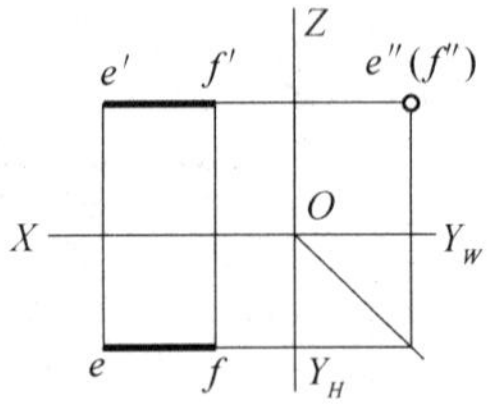	(1)$e''f''$ 积聚为一点。 (2)$ef \perp OY_H$； 　　$e'f' \perp OZ$。 (3)$ef = e'f' = EF$

由表 2-2 得出投影面平行线的投影特性为：
(1)直线垂直的投影面上的投影积聚为一点。
(2)另外两个投影反映实长，且垂直相应的投影轴。

3. 一般位置直线及直线上点的投影

一般位置直线与三个投影面都倾斜。如图 2-18 所示，线段 AB 对 H、V、W 三个投影面的倾角分别为 α、β、γ。三个投影都比空间线段的实长短，其关系为：$ab = AB\cos\alpha$，$a'b' = AB\cos\beta$，$a''b'' = AB\cos\gamma$。因此，一般位置直线段的投影特性为：线段的三个投影都与投影轴倾斜，且小于其实长。

点在直线上时，点的各个投影必在直线的同面投影上，并且符合点的投影特性。如图 2-19 中的点 C 在 AB 上，c、c'、c'' 分别在 ab、a'b'、a''b'' 上，且 $cc' \perp OX$，$c'c'' \perp OZ$，$cc_x = c_zc''$；还满足 $ac:cb = a'c':c'b' = a''c'':c''b'' = AC:CB$ 的关系。

利用上述特性，可以在直线上求点和分割线段成定比。

例 2-4 如图 2-20(a)所示，试在直线 AB 上取一点 C，使 AC：CB=1：2，求作 C 点的投影 c、c'。

作图 如图 2-20(b)所示。

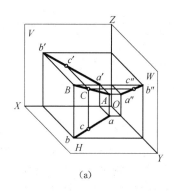 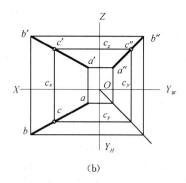

图 2-19 直线上的点的投影

(1)过 a 任作一直线，并从 a 点起任取三等份，得 1、2、3 三个等分点。
(2)连 b、3，再过等分点 1 作 $b3$ 的平行线，与 ab 相交，即为 C 点的水平投影 c。
(3)过 c 作 OX 轴垂线与 $a'b'$ 相交，即得 C 点的正面投影 c'。

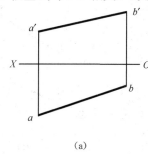 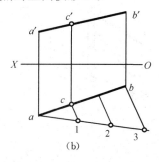

图 2-20 点分线段成定比

例 2-5 如图 2-21(a)所示，判断点 K 是否在直线 AB 上。

分析 若点 K 在直线 AB 上，则 K 点分线段比等于投影比，即 $AK:KB=ak:kb=a'k':k'b'$。

作图 如图 2-21(b)所示。

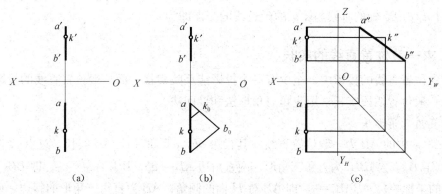

图 2-21 判断点是否在直线上

(1)过 a 点任作一直线，取 $ab_0=a'b'$，$ak_0=a'k'$。

(2)连接 b_0b,过 k_0 点作 b_0b 的平行线。该线与 ab 的交点不与 k 重合,即不满足上述比例关系,因此 K 点不是直线 AB 上的点。

若在三投影面体系中,可通过作出第三投影的方法来判断 K 点是否在直线上,如图2-21(c)所示,由于 k'' 不在 $a''b''$ 上,所以 K 点不是直线 AB 上的点。

4. 直线的迹点

直线与投影面的交点称为该直线的迹点。它属于直线上的特殊点。在三投影面体系中,一般位置直线倾斜于三个投影面,所以有三个迹点。直线与 H 面的交点称为水平迹点,常用 M 表示;与 V 面的交点称为正面迹点,常用 N 表示;与 W 面的交点称为侧面迹点,常用 S 表示。

按照迹点的定义,可以从直线的投影图上确定直线的各个迹点。如图 2-22(a)所示,直线的水平迹点 M 是 H 面上的点,Z 坐标为零,所以 m' 必在 OX 轴上;又由于 M 是直线 AB 上的点,所以 m' 必在 $a'b'$ 上,m 在 ab 上。因此,求 AB 直线的水平迹点 M 的作图方法为[图 2-22(b)]:

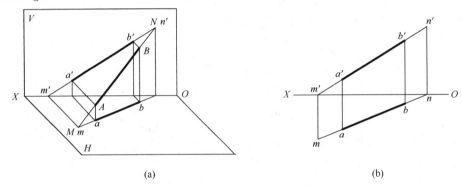

图 2-22 直线的迹点

(1)延长直线 AB 的正面投影 $a'b'$,与 OX 轴的交点即为 m'。
(2)过 m' 作 OX 轴垂线与 ab 延长线的交点即为 m。

同理,求正面迹点的作图方法为:
(1)延长直线 AB 的水平投影 ab,与 OX 轴的交点即为 n。
(2)过 n 作 OX 轴的垂线与 $a'b'$ 的延长线的交点即为 n'。

二、求一般位置直线的实长

在特殊位置直线的投影中,至少有一个投影能反映实长,而一般位置直线的投影不反映实长。求一般位置线段实长常用直角三角形法和换面法。

(一)直角三角形法

图 2-23(a)中的 AB 为一般位置直线,其投影 ab、$a'b'$ 都小于 AB 实长。过点 A 作 $AB_0 /\!/ ab$,交 Bb 于 B_0。$\triangle ABB_0$ 为直角三角形,两直角边 $AB_0 = ab$,$BB_0 = z_B - z_A$,即 BB_0 等于 a'、b' 到 X 轴的坐标差;$\angle BAB_0 = \alpha$,即 AB 对 H 面的倾角;AB 为直角三角形的斜边。可见,已知线段的两面投影,就相当于给出了直角三角形的两直角边,由此可以作出直角三角形。

作图 方法如图 2-23(b)所示。

(1)过 a' 作 OX 轴的平行线交 bb' 于 b_0,得 z 坐标差 $= z_B - z_A$。

(2)以 (z_B-z_A) 为一直角边，ab 为另一直角边，作出直角三角形。直角三角形的斜边即为 AB 线段的实长，$\angle baB_1$ 即为直线 AB 对 H 面的倾角 α。

也可以用正面投影长和 y 坐标差为直角边作三角形，可求出线段 AB 的实长及对 V 面的倾角 β，如图 2-23(c)所示。

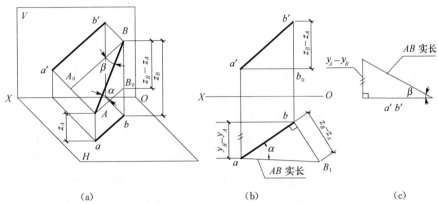

图 2-23 求一般位置直线的实长和倾角

直角三角形可以画在直线投影图附近的任何位置。

直角三角形有四个要素(投影长、坐标差、斜边、锐角)，已知其中任意两个要素，即可作出直角三角形，求出另外两个要素。

例 2-6 如图 2-24(a)所示，已知直线 AB 的水平投影 ab 和 A 点的正面投影 a'，且 $\alpha=30°$，试求：

(1)直线 AB 的正面投影 $a'b'$。

(2)在直线 AB 上取一点 C，使 $AC=20$ mm。

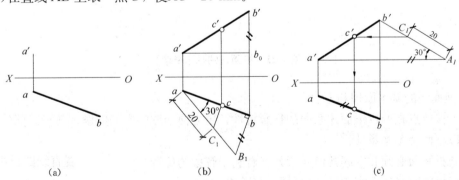

图 2-24 求直线和直线上点的投影

分析 由已知水平投影长 ab，和 AB 对 H 面倾角 α，即可作出直角三角形。由直角边(坐标差 z_B-z_A)，确定 B 点的正面投影 b'，即可求得 $a'b'$。再根据点分线段成比例的投影特性可确定 C 点的两面投影。

作图 如图 2-24(b)所示。

(1)根据 ab 和 α 作直角三角形 aB_1b，定出坐标差 bB_1(即 z_B-z_A)。

(2) 过 a' 作平行 OX 轴的直线，与过 b 所作投影连线交于 b_0。

(3) 量取 $b_0b'=bB_1$，求出 b'，连 $a'b'$ 即为 AB 的正面投影。

(4) 过 a 点在 aB_1 上截取 20 mm 得 C_1 点，过 C_1 作 B_1b 的平行线交 ab 于 c，再由 c 求出 c' 完成作图。

图 2-24(c)的作图过程可自行分析。

(二) 换面法

1. 换面法的基本概念

当直线或平面与投影面处于特殊位置时，它们的投影可以反映真实大小、形状或具有积聚性。换面法就是研究如何改变空间几何元素对投影面的相对位置，以达到简化解题的目的。

如图 2-25(a)所示，AB 为 V、H 两投影面体系(简称 V/H 体系)中的一般位置直线，V、H 面的投影均不反映实长。为了使直线能反映实长，另取一个平行于直线 AB 且垂直于 H 面的 V_1 面来代替 V 面，则新的 V_1 面和不变的 H 面构成一个新的两投影面体系 V_1/H。直线 AB 在 V_1/H 体系中的 V_1 面上的投影反映实长。这种用新增设投影面来替换原投影体系中的某个投影面来图解空间问题的方法称为换面法。当要解决一般位置几何元素的度量或定位问题时，如果把它们由一般位置改变成特殊位置，往往使问题得到简化。图 2-25(b)为一般位置线变换成投影面平行线的投影图。

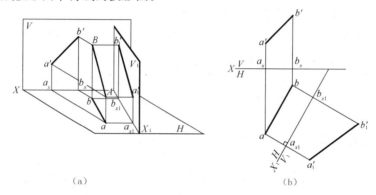

(a)　　　(b)

图 2-25　换面法的基本概念

2. 换面法的基本原理和方法

为了保持点在两投影面体系中的投影特性，更方便地图解空间问题，新投影面的选择必须满足以下两个基本条件：

①新投影面必须和空间几何元素处于有利于解题的位置。

②新投影面必须垂直于一个原投影面(V 或 H)。

(1) 一次换面法。如图 2-26(a)所示，点 A 在 V/H 体系中，投影为 (a, a')。当 V 面不变，用新投影面 H_1($H_1 \perp V$)代替 H 面时，形成新的投影体系 V/H_1，X_1 为新投影体系中的投影轴。

过点 A 向 H_1 面作垂线，得到新投影面 H_1 上的新投影 a_1。点 A 在新投影体系 V/H_1 中的投影为 (a_1, a')。图中的三个投影：a_1 为新投影，a 为被替换的旧投影，a' 为新、旧两体系中共有的不变投影。

由于这两个投影体系具有公共的 V 面，因此点 A 到 V 面的距离，即等于 H 面的投影 a

到 X 轴的距离，又等于 H_1 面的投影 a_1 到 X_1 轴的距离，即 $Aa'=aa_x=a_1a_{x1}$。

当 H_1 面绕 X_1 轴旋转到和 V 面重合时，根据点的投影规律，投影连线 $a'a_1\perp X_1$ 轴，如图 2-26(b)所示。

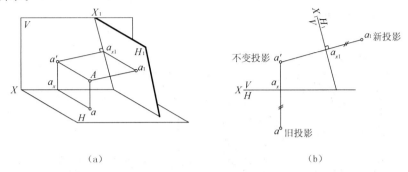

图 2-26 更换 H 面时点的一次换面

根据以上分析，得出点的投影规律为：
① 点的新投影和不变投影的连线垂直于新投影轴。
② 点的新投影到新投影轴的距离等于被替换的点的旧投影到旧投影轴的距离。
更换 H 面时，求作点 A 的新投影的作图步骤如下[图 2-26(b)]：
1) 在适当的位置画出新投影轴 X_1（新投影轴确定了新投影面在投影图上的位置）。
2) 过 a' 作 X_1 轴的垂线交 X_1 轴于 a_{x1}，并取 $a_1a_{x1}=aa_x$，则 a_1 即为所求的新投影。
图 2-27(a)所示为更换 V 面时点的一次换面。投影图画法如图 2-27(b)所示，$aa_1'\perp X_1$，$a_1'a_{x1}=a'a_x$。

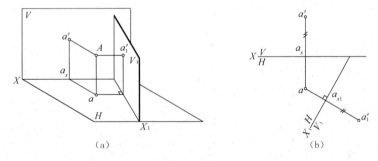

图 2-27 更换 V 面时点的一次换面

(2)二次换面法。运用换面法解决实际问题时，有时需要二次或多次换面。二次换面是在第一次换面的基础上再作第二次换面。图 2-28 为更换两次投影面时，求点的新投影的方法，其原理和更换一次投影面相同。

但要注意，新投影面的选择应符合前述两个条件，并且不能一次更换两个投影面，必须一个更换完以后，在新的两面体系中交替地再更换另一个。图中先由 V_1 代替 V，构成新体系 V_1/H，再以这个体系为基础，取 H_2 代替 H，又构成新体系 V_1/H_2。第一次换面后的新投影、新投影轴的符号均标记脚标"1"；第二次换面后的新投影、新投影轴的符号均标记脚标"2"；多次换面，以此类推。

(3)将一般位置直线变换成投影面平行线。在用换面法求一般位置线段实长时，需要将一般位置直线变换成投影面平行线。如图 2-29(a)所示，直线 AB 处于 V/H 体系中的一般位置，取 V_1 面平行直线 AB 并垂直于 H 面。此时，AB 在新投影体系 V_1/H 中成为新投影面 V_1 的平行线。求出 AB 在 V_1 面的投影，即反映 AB 线段的实长，并且与 X_1 轴的夹角 α 即为直线 AB 与 H 面的倾角。

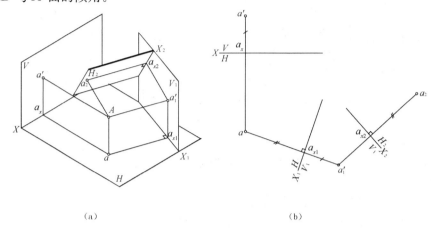

图 2-28　点的二次换面

图 2-29(b)表示的是更换 V 面的投影作图方法。首先画出新轴 X_1，X_1 必须平行于 ab，但和 ab 的间距可以任意取。然后分别求出线段 AB 两端点的投影 a_1'、b_1'，相连即为线段 AB 的新投影。在 V_1 面上反映的是 AB 线段的实长和与 H 面的夹角。

图 2-29(c)为更换 H 面，将 AB 直线变成新投影面 H_1 的平行线的作图法。在 H_1 面反映的是 AB 直线的实长和对 V 面的倾角 β。

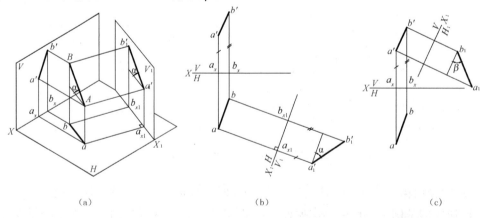

(a) (b) (c)

图 2-29　一般位置直线变换成投影面平行线

(4)将投影面平行线变换成投影面垂直线。将投影面平行线变换成投影面垂直线，只需更换一次投影面即可。如图 2-30(a)所示，由于 AB 为 V 面平行线，因此选择的垂直直线 AB 的新投影面 H_1 必垂直于 V 面，这样 AB 在新体系 V/H_1 中变成 H_1 面的垂直线。

作图方法如图 2-30(b)所示，根据投影面垂直线的投影特性，取新投影轴 $X_1 \perp a'b'$，然后求出直线 AB 在 H_1 面的新投影 $a_1 b_1$，$a_1 b_1$ 必重合为一点。

若将一般位置直线变换成投影面垂直线，须经过两次换面。如图 2-31(a)所示，先将一般位置直线变换成投影面平行线，再将投影面平行线变换成投影面垂直线。图 2-31(b)所示为作图方法。先作 V_1 面，使之平行于 AB 且垂直 H 面，则一般位置直线 AB 变换为 V_1 面的平行线；再作 H_2 面，使之垂直于 AB 和 V_1 面，则 AB 变换成 H_2 面的投影面垂直线。

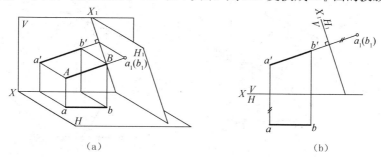

图 2-30 正平线变换成 H_1 面垂直线

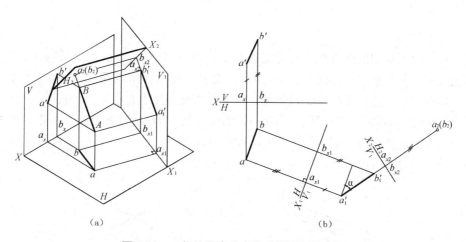

图 2-31 一般位置直线变换成投影面垂直线

三、两直线的相对位置

空间两直线的相对位置分为平行、相交和交叉三种情况。

1. 两直线平行

由平行投影的特性：空间平行的两直线，它们的投影仍相互平行，且线段比等于投影比，可知空间平行的两直线它们的各组同面投影必然相互平行。如图 2-32 所示，直线 $AB \mathbin{/\mkern-2mu/} CD$，则投影 $ab \mathbin{/\mkern-2mu/} cd$，$a'b' \mathbin{/\mkern-2mu/} c'd'$，且 $AB:CD=ab:cd=a'b':c'd'$。由平行投影的特性，可解决有关两直线平行的作图问题。

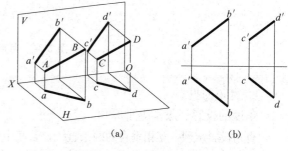

图 2-32 两直线平行

2. 两直线相交

空间相交的两直线必有一交点，交点投影应符合点的投影特性。如图 2-33 中的直线

AB、CD 交于 K 点，则水平投影 k 应既在 ab 上，又在 cd 上。同样 k' 应既在 $a'b'$ 上，又在 $c'd'$ 上。即各组同面投影应相交，交点投影的连线应垂直投影轴，即 $kk' \perp OX$ 轴。利用这一特性，可解决有关相交直线的作图问题。

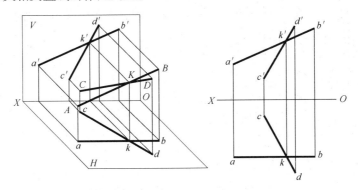

图 2-33 两直线相交

3. 两直线交叉

既不平行又不相交的两直线，称为交叉直线。图 2-34(a)所示的两交叉直线，它们的水平投影相交而正面投影平行。图 2-34(b)所示两交叉直线的各组同面投影相交，但因不是相交直线，所以交点的连线不垂直于投影轴。这两种情况实际上是重影点的投影，利用重影点可以判别可见性。如图 2-34(a)所示，ab、cd 的交点是对 H 面的重影点 Ⅰ、Ⅱ 的水平投影，Ⅰ 在直线 AB 上，Ⅱ 在直线 CD 上。从正面投影可以看出：$z_Ⅰ > z_Ⅱ$，故 1 可见而 2 不可见。2-34(b)图的可见性可自行分析。

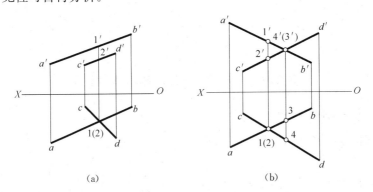

图 2-34 两直线交叉

4. 直角的投影

角度的投影一般不等于原角。

直角投影定理：互相垂直的两条直线，若其中一条直线平行某一投影面，则这两条直线在该面的投影仍然互相垂直。这是在投影图上解决有关垂直问题以及求距离问题常用的作图依据。

如图 2-35(a)所示，设 $AB \perp BC$，$BC // H$ 面。由于 $BC \perp AB$，$BC \perp Bb$，所以 $BC \perp$ 平面 $ABba$。又 $bc // BC$，所以 $bc \perp$ 平面 $ABba$，因此 $bc \perp ab$，投影图如图 2-35(b)所示。

两直线交叉垂直时，它们的投影仍符合上述投影特性。

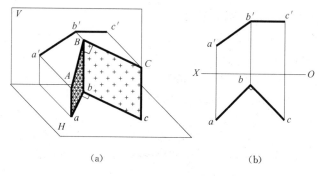

图 2-35 直角的投影

例 2-7 如图 2-36(a)所示,完成矩形 $ABCD$ 的两面投影,其中 AB 平行于 H 面。

分析 矩形 4 个角均为直角,且 $AB/\!/H$,由直角投影定理得知 $ab \perp bc$。又由于矩形对边互相平行,据此可作出矩形两面投影图,如图 2-36(b)所示。

作图

(1) 过 b 作 ab 垂线,过 c' 作 OX 轴垂线,交点即为 C 点的水平投影 c。

(2) 过 a 和 c 分别作 bc 和 ab 的平行线,交点即为 D 点的水平投影 d。

(3) 过 a' 和 c' 分别作 $b'c'$ 和 $a'b'$ 的平行线,交点即为 D 点的正面投影 d'。dd' 应垂直 OX 轴。

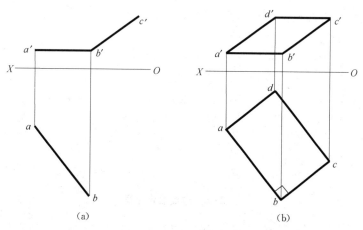

图 2-36 完成矩形的两面投影

2.4 平面的投影

平面图形的投影一般情况下仍为平面图形,特殊情况下积聚为直线。

一、平面表示法

常用几何元素表示法,根据初等几何学中平面的基本性质可知,平面有以下几种表示法:

(1) 不在同一直线上的三点,图 2-37(a)。

(2)一条直线和直线外一点,图 2-37(b)。
(3)两条相交的直线,图 2-37(c)。
(4)两条平行的直线,图 2-37(d)。
(5)任意平面图形,图 2-37(e)中的三角形。
以上各种表示平面的方法,可以相互转换。

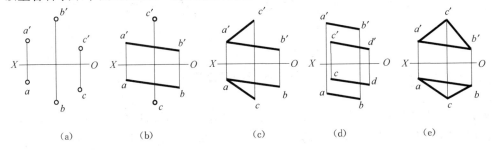

图 2-37　几何元素表示平面

除了用几何元素表示平面外,还可用迹线表示平面。迹线是平面和投影面的交线,如图 2-38 所示。同一平面上的任意两条迹线,不平行即相交。当用迹线表示平面时,只需画出不与投影轴重合的投影,并加以标记,如平面 P 的水平迹线 P_H,正面迹线 P_V,侧面迹线 P_W,如图 2-38(b)所示。实际应用时,若平面有积聚性,如图 2-39(a),一般只画有积聚性的迹线投影,没有积聚性的迹线投影省略不画,如图 2-39(b)所示。

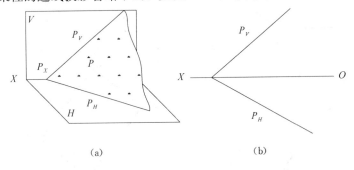

图 2-38　迹线表示平面

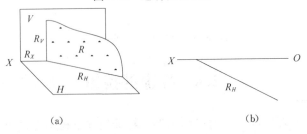

图 2-39　迹线表示特殊位置平面

二、各种位置平面的投影

平面相对于投影面的相对位置有三种:投影面垂直面、投影面平行面和一般位置平面。投影面垂直面和投影面平行面称为特殊位置平面。

1. 投影面垂直面

垂直于一个投影面而与另外两个投影面相倾斜的平面，称为投影面垂直面。按所垂直的投影面不同，投影面垂直面分为：铅垂面（⊥H面）、正垂面（⊥V面）和侧垂面（⊥W面）。投影面垂直面的投影特性见表2-3。

表 2-3　投影面垂直面

名称	轴 测 图	投影图及其特性
铅垂面	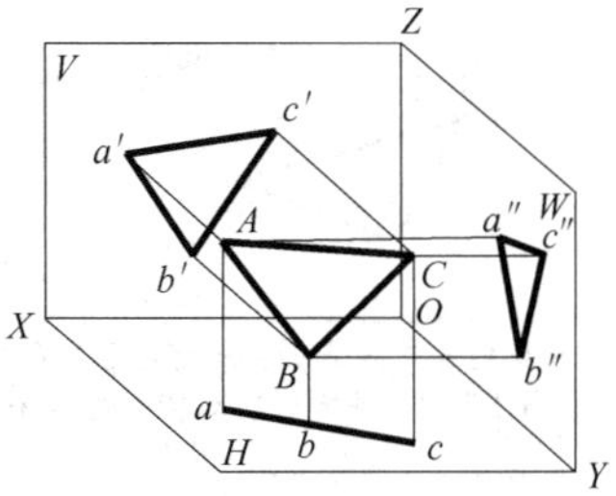	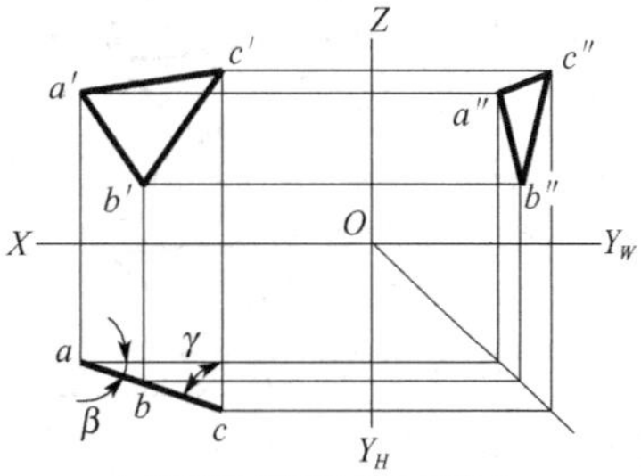 水平投影有积聚性且反映β、γ，正面投影和侧面投影为类似形
正垂面	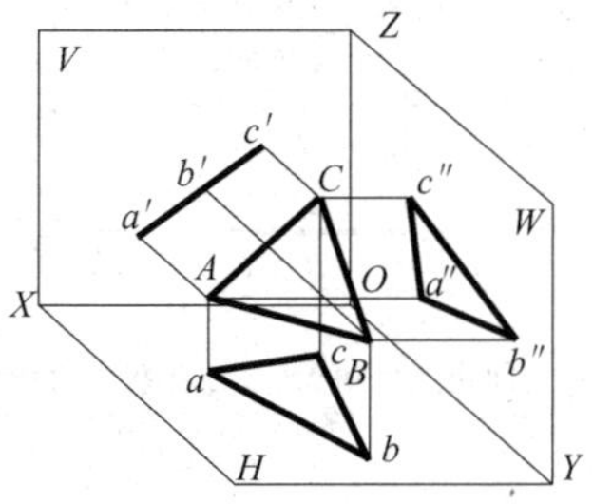	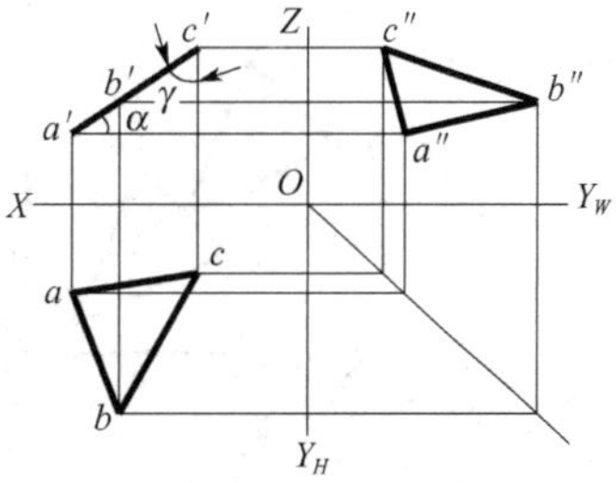 正面投影有积聚性且反映α、γ，水平投影和侧面投影为类似形
侧垂面	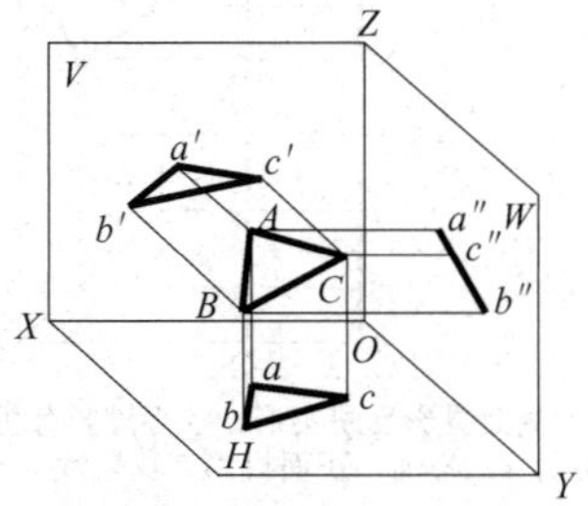	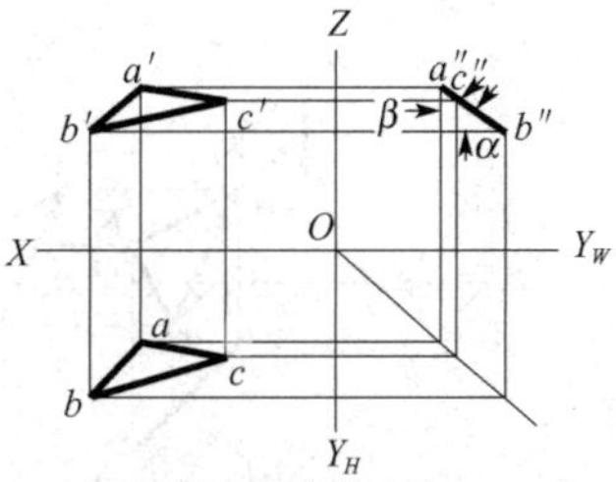 侧面投影有积聚性且反映α、β，水平投影和正面投影为类似形

由表2-3得出投影面垂直面的投影特性为：

(1)在所垂直的投影面上的投影积聚成直线，并且反映平面对另外两个投影面的倾角。

(2)另外两个投影均为空间平面图形的类似形。

2. 投影面平行面

平行于一个投影面而与另外两个投影面垂直的平面，称为投影面平行面。按所平行的投

47

影面不同，投影面平行面分为：水平面（//H 面）、正平面（//V 面）和侧平面（//W 面）。投影面平行面的投影特性见表 2-4。

表 2-4 投影面平行面

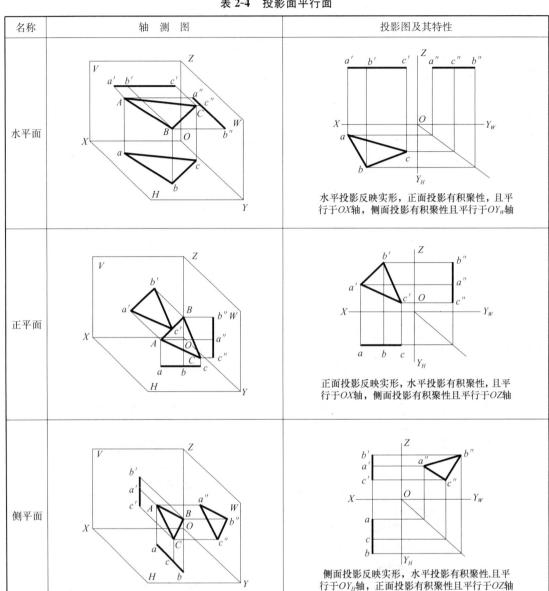

由表 2-4 得出投影面平行面的投影特性为：
(1) 在所平行的投影面上的投影反映实形。
(2) 另外两个投影均积聚成直线，且平行于相应的投影轴。

3. 一般位置平面

一般位置平面对三个投影面都倾斜，并且三个投影均是空间平面图形的类似形，如图 2-40 所示，三个投影均为三角形，则表示空间图形是三角形。

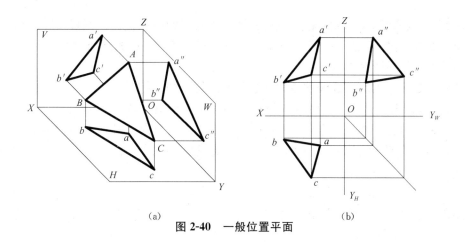

(a)　　　　　　　　　　　　　(b)

图 2-40　一般位置平面

三、平面内的点和线

1. 点在平面内

点在平面内的条件：若点位于平面内的任一直线上，则此点是该平面内的点。如图2-41所示，P 平面由相交直线 $AB \times BC$ 确定，M、N 分别位于直线 AB 和 BC 上，所以 M、N 是平面 P 内的点。

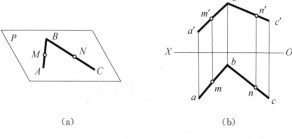

(a)　　　　　　　(b)

图 2-41　平面内的点

2. 直线在平面内

直线在平面内的条件：若直线通过平面内的两个点，或通过平面内一个点且平行于平面内的一直线，则该直线是平面内的直线。在图 2-42 中，平面 P 由相交直线 $AB \times BC$ 确定，图 2-42(a)中 M、N 两点属于平面 P，所以直线 MN 是平面 P 内的直线。图 2-42(b)中直线 KL 过平面 P 内的已知点 K，且平行已知直线 BC，所以 KL 也是平面 P 内的直线。

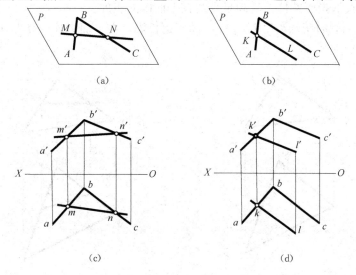

图 2-42　平面内的直线

图 2-42(c)为直线 MN 的两个投影通过平面内两点的同面投影，图(d)为直线 KL 通过平面一个点的同面投影，且平行于该平面内的另一已知直线 BC 的同面投影。从投影图上即可判断出该两直线属于平面 P。

上述两条是平面内取点取线的原则，也是作图的依据。

例 2-8 判断 K 点是否在△ABC 所确定的平面内，如图 2-43(a)所示。

分析 根据点在平面内的条件，K 点若在△ABC 平面内，必在平面内的某条直线上，K 点的投影也应在平面内同一条直线的投影上，反之则不在平面内。

作图 如图 2-43(b)所示。

(1)过 k' 作 $a'd'$，由此求出 ad。

(2)ad 不通过 k，故 K 点不在平面内。

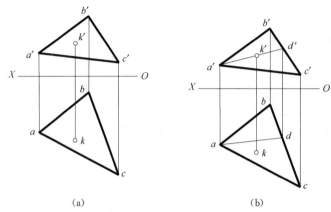

图 2-43 判断点 K 是否在平面内

3. 平面内的投影面平行线

平面内的投影面平行线分别有平面内的水平线、正平线和侧平线。它们的投影，应该既符合投影面平行线的投影特性，又满足直线在平面内的条件。

例 2-9 图 2-44(a)所示为平面△ABC 的两面投影，在平面内作一条距 H 面 20 mm 的水平线。

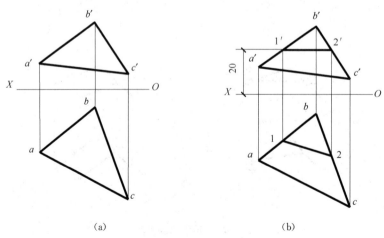

图 2-44 在平面内作水平线

分析 根据投影面平行线的投影特性,水平线的正面投影应平行于 OX 轴,且距 OX 轴 20 mm;该水平线又是平面内的直线,再根据平面内取线的方法,求出水平线的两面投影。

作图 如图 2-44(b)所示。

(1)作距 OX 轴 20mm 的平行线交 $a'b'$ 于 $1'$,交 $b'c'$ 于 $2'$。

(2)由 $1'2'$ 求出 12,连接 $1'2'$ 和 12,即为所求水平线的两面投影。

4. 平面内的最大斜度线

平面内垂直于该平面的投影面平行线(或迹线)的直线,称为该平面的最大斜度线。垂直平面内水平线的直线,称为平面对水平面的最大斜度线;垂直平面内正平线的直线,称为平面对正立面的最大斜度线;垂直平面内侧平线的直线,称为平面对侧立面的最大斜度线。

平面对 H 面的最大斜度线反映平面的坡度,所以也叫平面的最大坡度线。

图 2-45 中,P 面与 H 面相交,CD 是平面 P 内的水平线,直线 AM 是平面内的最大坡度线,AM 垂直于 CD。最大坡度线对 H 面的倾角为 α。

可以证明,平面内的最大坡度线对 H 面的倾角最大。如图 2-45 所示,过 A 点在 P 面内作一条最大坡度线以外的直线 AN,AN 对 H 面的倾角为 α_1,只要证明 $\alpha_1 < \alpha$ 即可。现 $AM \perp CD$,而 $MN // CD$,故 $AM \perp MN$;由直角投影定理可知,$aM \perp MN$。由此可知 $aN > aM$。在两个直角三角形 AMa 和 ANa 中,它们有一个共同的直角边 Aa,另一直角边 $aN > aM$,所以相应的锐角 $\alpha_1 < \alpha$。由此证明了,最大坡度线对 H 面的倾角最大。

同理可以证明,平面内最大斜度线对 V 面和 W 面的倾角 β、γ 也是该平面对 V 面和 W 面的最大倾角。

因此,求平面对投影面的倾角也就是求平面内最大斜度线对投影面的倾角。

如图 2-46 所示,平面由 $\triangle ABC$ 给定,作该平面对水平面的最大坡度线。先任作一条水平线 $CD(cd, c'd')$。再根据直角投影定理在平面内任作 CD 的垂线 $AM(am, a'm')$,AM 即是给定平面对 H 面的最大坡度线。

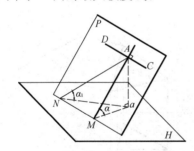
图 2-45 平面内的最大斜度线

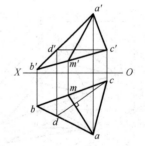
图 2-46 平面对 H 面的最大坡度线

例 2-10 求平面$(AB//CD)$对 H 面的倾角,如图 2-47(a)所示。

分析 求平面对 H 面的倾角就是求该面内最大坡度线对 H 面的倾角。又由于最大坡度线垂直平面内的水平线,故可先作出平面内水平线,再求最大坡度线,最后由直角三角形法求出平面对 H 面的倾角。

作图 (1)过 A 点作平面内水平线 AE(先作 $a'e' // OX$ 轴,再作 ae),图 2-47(b)。

(2)过 B 点作最大坡度线 BK(先作 $bk \perp ae$,再作 $b'k'$),图 2-47(b)。

(3)直角三角形法作出直角三角形 bkB_0,α 为 BK 对 H 面的倾角,也就是平面$(AB//CD)$对 H 面的倾角,图 2-47(c)。

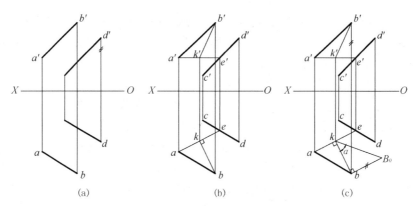

图 2-47 求平面对 H 面的倾角

5．平面的换面

（1）一般位置平面变换成投影面垂直面（一次换面）。

分析 图 2-48(a)所示，△ABC 为 V/H 体系中的一般位置平面，变换为新投影面 H_1 的垂直面。根据两平面垂直定理，△ABC 内要有一条直线垂直于新投影面；又根据直线的变换中，投影面平行线变换为投影面垂直线需要进行一次换面。AK 是△ABC 中的正平线，取新投影面 H_1 代替 H，并使 AK 垂直新投影面 H_1，则△ABC 也和新投影面 H_1 垂直，即△ABC 是新体系 V/H_1 中的 H_1 面的垂直面。

作图 如图 2-48(b)所示。

1）在△ABC 内任作一条正平线(ak，$a'k'$)。

2）作新投影轴 $X_1 \perp a'k'$，$a_1 k_1$ 在 H_1 面积聚为一点。

3）求出△ABC 三个顶点的新投影 a_1、b_1、c_1，则 $a_1 b_1 c_1$ 必在同一直线上。

$a_1 b_1 c_1$ 和 X_1 轴的夹角 β 即为△ABC 对 V 面的倾角。

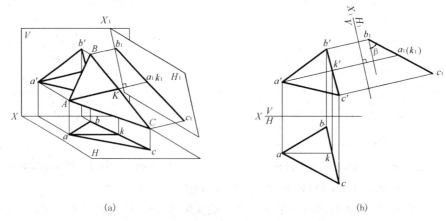

图 2-48 一般位置平面变换为投影面垂直面

（2）投影面垂直面变换成投影面平行面（一次换面）。

分析 如图 2-49(a)所示，△ABC 为 V/H 体系中的铅垂面，变换为新投影面 V_1 的平行面。取新投影面 V_1 平行于△ABC，并一定垂直于 H 面，则△ABC 变为新体系 V_1/H 中的 V_1 面的平行面。

作图 如图 2-49(b)所示。

1)作新投影轴 $X_1 // abc$。
2)求出△ABC 三个顶点的新投影 a_1'、b_1'、c_1'，V_1 面新投影 $a_1'b_1'c_1'$ 反映△ABC 的实形。

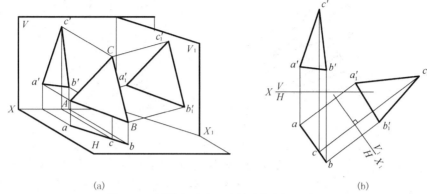

图 2-49 投影面垂直面变换为投影面平行面

（3）一般位置平面变换成投影面平行面（二次换面）。

如果将一般位置平面变换为投影面平行面，需要更换两次投影面。因为一般位置平面相对于旧体系中的各投影面都倾斜，所以平行于一般位置平面的新投影面和旧体系中的各投影面也倾斜，不能构成互相垂直的两投影面体系。所以应先将一般位置平面变换为投影面垂直面；再将投影面垂直面变换成投影面平行面。

如图 2-50 所示为△ABC 表示的一般位置平面。先将 V 面变换成 V_1 面，使△ABC 变换成 V_1 面的垂直面；再将 H 面变换成 H_2 面，使△ABC 变换成 H_2 面的平行面。

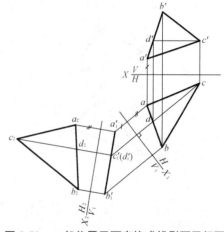

图 2-50 一般位置平面变换成投影面平行面

作图 如图 2-50 所示。
1)在△ABC 内任作一条水平线(cd，$c'd'$)。
2)作 $X_1 \perp cd$，求出△ABC 在 V_1 面上的积聚性投影 $a_1'b_1'c_1'$。
3)作 $X_2 // a_1'b_1'c_1'$，作出△ABC 在 H_2 面的投影△$a_2b_2c_2$，即将△ABC 变成了 H_2 面的平行面。

2.5 直线与平面、平面与平面的相对位置

直线与平面、平面与平面的相对位置有平行、相交或垂直。垂直是相交的特殊情况。

一、平行

1. 直线与平面平行

如果一条直线平行于平面内任一直线，则该直线与该平面平行。

如图 2-51 所示，直线 EF 平行于平面△ABC 内的直线 CD，则直线 EF 与△ABC 平行。

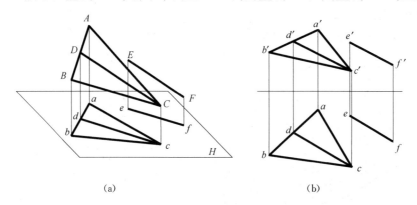

图 2-51 直线和平面平行
(a)直观图；(b)投影图

例 2-11 如图 2-52(a)所示，过 K 点作一正平线，与△ABC 平行。

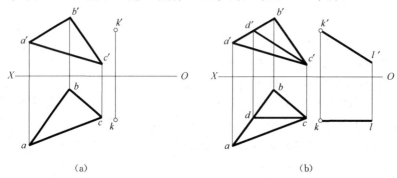

图 2-52 过点作正平线与平面平行

分析 过 K 可作无数条正平线，与△ABC 平行的只有一条，且必与△ABC 内的正平线平行。
作图 如图 2-52(b)所示。
(1)作△ABC 内的任一正平线 CD。即过 c 作平行 OX 轴的平行线交 ab 于 d，再由 d 求出 d′，cd 和 c′d′即为△ABC 内的正平线。
(2)过 K 作 KL∥CD。即作 kl∥cd，k′l′∥c′d′，即为所求正平线的投影。

2．平面与平面平行

如果一平面内的两相交直线与另一平面内两相交直线平行，则此两平面平行。图 2-53 中平面 P、Q 分别由两条相交直线表示。由于 AB∥EF，BC∥GH，所以 P 面∥Q 面。
图 2-54 所示为两个平行的铅垂面，两个平面的水平投影积聚并且平行。

例 2-12 已知平面由两平行直线(AB∥CD)给定。过点 K 作一平面与已知平面平行，如图 2-55(a)所示。

分析 按两平面平行的几何条件，先在已知平面内作出两条相交直线。然后再过已知点 K 作两条相交直线，该两条相交直线与已知平面内的两条相交直线对应平行，则该两相交直线表示的平面与已知平面平行。

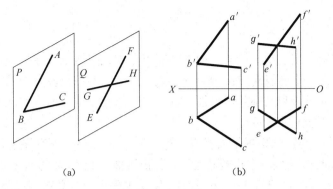

图 2-53 两平面平行
(a)直观图；(b)投影图

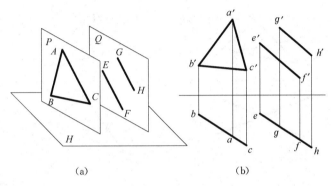

图 2-54 两铅垂面平行
(a)直观图；(b)投影图

作图 如图 2-55(b)所示。
(1)在已知平面内作直线 MN 与给定直线 AB、CD 相交。
(2)过 K 点作两条相交直线 EF、GH，EF∥MN、GH∥AB。
两相交直线 EF、GH 所决定的平面即为所求平面。

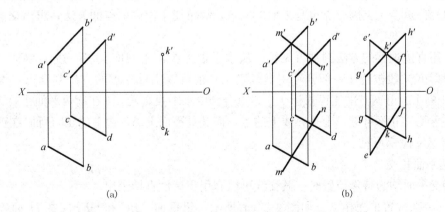

图 2-55 过点作平面平行于已知平面

二、相交

直线与平面相交，交点是直线与平面的共有点，即在直线上又在平面内；平面与平面相交，交线是共有线。若求交线需求出两个共有点，或一个共有点及交线的方向。相交问题主要是求交点或交线的投影和判别其可见性。这里只介绍直线或平面有积聚性的相交问题。

1. 直线与平面相交(图 2-56)

(1) 一般位置直线与特殊位置平面相交。图 2-56(a)所示为一般位置直线与铅垂面相交的作图过程。因铅垂面△ABC的水平投影△abc有积聚性，交点K的水平投影k应在△ABC的水平投影△abc上。点K又在MN上，所以K点水平投影k必在直线MN的水平投影mn上。因此，直线mn和平面的水平投影abc的交点即是点K的水平投影k，又由于k'应在m'n'上，所以利用直线上点的投影特性由k求出k'。

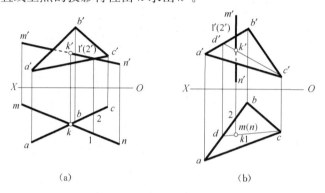

图 2-56 利用积聚性求直线与平面交点
(a)平面有积聚性；(b)直线有积聚性

交点K把直线MN分成两段。从水平投影看出，MK在平面△ABC之后，所以正面投影中被平面△ABC遮住的部分不可见，用虚线表示。

(2) 垂直线与一般位置平面相交。图 2-56(b)所示为铅垂线与一般位置平面相交的作图过程。铅垂线MN水平投影有积聚性，所以交点K的水平投影k与铅垂线的水平投影mn(积聚性投影)重合。又因交点也是平面上的点，故可用平面内取点的方法，求出交点的正面投影k'。

可以用直接观察的方法判别可见性。从水平投影看，△ABC的AC边在MN之前，所以正面投影KN段被遮住一部分，用虚线表示。也可以用重影点的方法判别可见性，如图2-56(b)中的Ⅰ、Ⅱ两点的正面投影1'、2'重合。由水平投影看，1在前、2在后，所以正面投影上Ⅰ可见、Ⅱ不可见。Ⅰ是直线上的点，而Ⅱ是平面上AB边上的点，所以在正面投影上，直线MK段都可见。

2. 两平面相交

两相交平面均为特殊位置时，其交线可以利用积聚性直接求出。

(1) 两特殊位置平面相交。如图 2-57(a)所示，铅垂面ABC和DEFG在H面投影均积聚为直线，其交线为一铅垂线MN，m(n)为两面交线的水平投影，由水平投影可直接作出正面投影m'n'。作图方法如图 2-57(b)所示。

(2)特殊位置平面与一般位置平面相交。利用特殊位置平面投影的积聚性，确定出两平面交线的一个投影，再求其他投影。

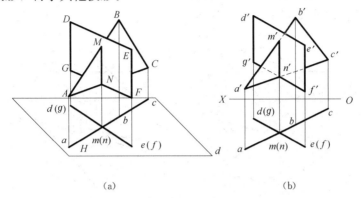

图 2-57 两特殊位置平面相交
(a)直观图；(b)投影图

如图 2-58(a)所示，△DEF 为铅垂面，投影 def 有积聚性，两平面交线的水平投影必与 def 重合，又因交线也是△ABC 内的直线，其水平投影也必然在△abc 上。可见 def 与 ac、bc 的交点连线 mn 即为两平面交线的水平投影，由水平投影再求出正面投影。作图方法如图 2-58(b)所示。

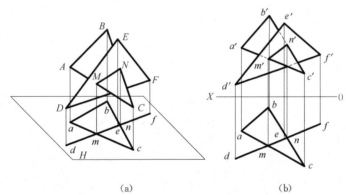

图 2-58 特殊位置平面与一般位置平面相交
(a)直观图；(b)投影图

例 2-13 求图 2-59(a)中平面 ABCD 与△EFG 的交线。

分析 △EFG 是水平面，其正面投影 e'f'g' 有积聚性，两平面交线的正面投影与△EFG 的正面投影重合，因此交线的正面投影是已知的，又因交线也是平面 ABCD 内的直线，其正面投影也必然在平面的正面投影 a'b'c'd' 上，因此利用平面内取点取线的作图方法即可求出交线的水平投影。

作图 如图 2-59(b)所示。
(1)在正面投影中找出共有点Ⅰ、Ⅱ的正面投影 1'、2'，由 1'、2' 求出水平投影 1、2。
(2)连接 1、2 确定出交线水平投影的方向线，确定 ef、gf 和 12 的交点 m、n，mn 即为交线的水平投影。

(3) 由 mn 求出正面投影 $m'n'$。

(4) 判别可见性，结果如图 2-59(b) 所示。

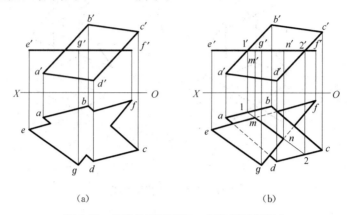

图 2-59　特殊位置平面与一般位置平面相交

第三章 基本体及其表面交线

复杂的形体都是由基本体按一定的方式组合而成。基本体按表面性质不同又分为平面体和曲面体。由平面围成的立体称为平面体；由曲面和曲面，或曲面和平面围成的立体称为曲面体。

因为立体投影的形状及投影之间的联系与投影轴无关，所以实际图样不画投影轴。不画投影轴的投影，各点间的位置可以按其相对坐标画出。画图时可取立体的对称面、端面、轴线或某一点的投影作为坐标轴或原点。

3.1 三面投影规律

在三面投影图中，一般 X 轴方向称为长，Y 轴方向称为宽，Z 轴方向称为高，如图 3-1 所示。由于正面投影和水平投影都反映了形体的长度，形体上所有的线或面的正面投影和水平投影都左右对正；同理，正面投影和侧面投影都反映了形体的高度，水平投影和侧面投影都反映了形体的宽度。因此三面投影规律可概括为：长对正、高平齐、宽相等。

工程图上称 V 面投影为正立面图或正面图；H 面投影为平面图；W 面投影为左侧立面图。

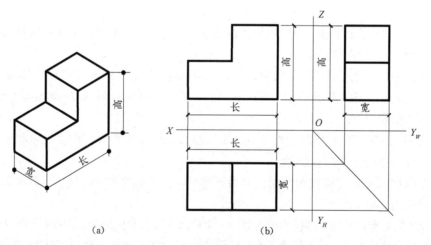

图 3-1 三面投影图的投影规律

3.2 基本体的投影

一、平面体

平面体的表面都是平面。常见的平面体有棱柱、棱锥及棱台等。

1. 棱柱的投影

底面和侧棱垂直的棱柱为直棱柱,棱柱的底面为多边形。画棱柱的投影图时,先画出底面的投影,再画出棱线的投影,最后判别可见性。

图 3-2(a)所示为一三棱柱及其三面投影图。

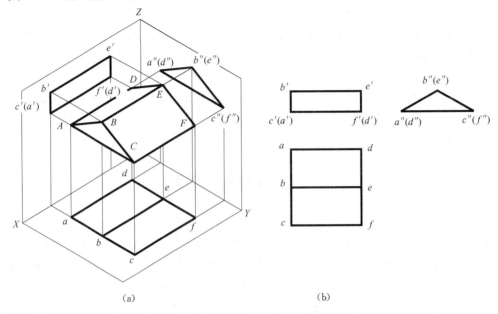

图 3-2 三棱柱的投影

下棱面 $ACFD$ 为水平面,所以水平投影 $acfd$ 反映实形,正面投影和侧面投影积聚为直线,并且分别平行 X 轴和 Y 轴。

前后棱面 $BCFE$ 和 $BADE$ 是侧垂面,所以侧面投影分别积聚为和投影轴倾斜的直线 $b''c''f''e''$ 和 $b''a''d''e''$,正面投影 $b'c'f'e'$ 和 $b'a'd'e'$、水平投影 $bcfe$ 和 $bade$ 均为类似形(矩形),并且它们的正面投影 $b'c'f'e'$ 和 $b'a'd'e'$ 重合。

左右底面 $\triangle ABC$ 和 $\triangle DEF$ 为侧平面,所以侧面投影反映实形,正面投影和水平投影积聚为直线,并且平行于相应投影轴。

由图 3-2(b)可见,三棱柱的侧面投影为三角形,即左右两底面的投影反映实形,各侧棱面的投影积聚为直线。

正面投影为矩形,是前后两棱面的类似形,下棱面和左右两底面的正面投影积聚为直线。

水平投影为两个矩形,是前后或上面两棱面的投影,中间的线为该两棱面的交线投影,下棱面水平投影反映实形但不可见,左右底面的投影积聚为直线。

作棱柱投影图时,先画底面,并且画底面投影时先画反映实形的投影,再画各条棱线的投影。

2. 棱锥的投影

图 3-3 所示为三棱锥及其三面投影图。

三棱锥的底面 $\triangle ABC$ 是水平面,水平投影反映实形;正面投影和侧面投影均积聚为平行于各自投影轴的直线;后面的棱面为侧垂面,侧面投影积聚为与投影轴相倾斜的直线,正面投影和水平投影均为三角形(类似形);左右两个侧棱面为一般位置平面,三个投影都是三角形(类似形),并且它们的侧面投影重合。

作图时,先作出底面△ABC和顶点S的三个投影,顶点和底面三角形的三个顶点的同名投影连线即为棱线的投影,由此完成三面投影作图。

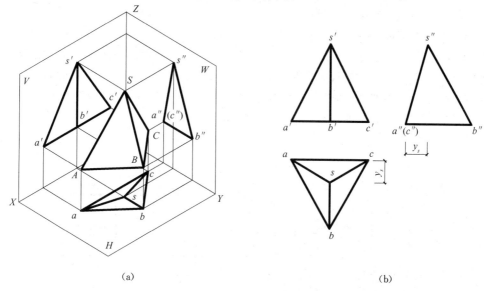

图 3-3 三棱锥的投影

3. 平面体表面的点和线

平面体表面取点(线)的方法与平面内取点(线)的方法相同,但是要对平面体表面上的点(或线)的可见性进行判别。其判别方法是:点所在的表面可见,表面上的点就可见,反之,则不可见。

图 3-4 为已知三棱锥表面上的点 M 的水平投影 m,求其正面投影 m′ 和侧面投影 m″。

点 M 位于三棱锥表面△SAB 上,△SAB 为一般位置平面,可通过作辅助线的方法求另外两个投影。

作图步骤为:过 m 点作 s1 交 ab 于 1,Ⅰ点(1 为三棱柱上的Ⅰ点的水平投影)为直线 AB 上的点;由 1 求出 1′(位于 a′b′上),作直线 s′1′;再由 m 作投影连线求出 m′(位于 s′1′上),最后根据 m、m′求出 m″。

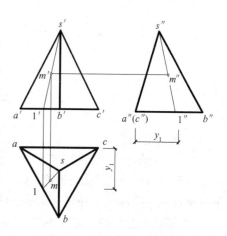

图 3-4 棱锥表面取点作图

二、常见回转体

回转体是常见的曲面立体。常见的有圆柱、圆锥、球及圆环等。回转体的投影要画出轴线、圆的中心线、转向线及轮廓线等。

1. 圆柱的投影

(1)圆柱体的形成。如图 3-5 所示,圆柱体可以看成是由一个矩形平面 $ABOO_1$ 绕轴线

OO_1 回转一周形成，其中 AB 称为母线，OO_1 称为轴线，母线在圆柱表面任一位置时称为素线。圆柱面的任一素线均平行于轴线。

(2)圆柱的投影图。若其轴线垂直 H 面，其投影如图 3-6 所示，圆柱的上下底面为水平面，水平投影为圆，反映上下底圆的实形。底圆的正面投影和侧面投影均积聚为直线，垂直于轴线的同面投影。圆柱面的水平投影积聚在圆周上，正面投影为矩形，最左(AA_1)和最

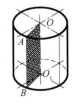

图 3-5 圆柱的形成

右(BB_1)两条素线为正面投影的转向线，把圆柱分为前半个柱面和后半个柱面，是圆柱对 V 面投影的可见与不可见的分界线；圆柱面的侧面投影为矩形，最前(CC_1)和最后(DD_1)两条素线为侧面投影的转向线，把圆柱分为左半个柱面和右半个柱面，是圆柱对 W 面投影的可见与不可见的分界线。和轴线重合的转向线的投影均不需画出。

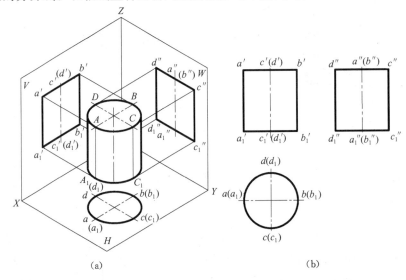

图 3-6 圆柱的投影图

2. 圆锥的投影

(1)圆锥的形成。如图 3-7 所示，圆锥体可以看成是由一个直角三角平面 AOO_1 绕直角边(轴线 OO_1)回转一周形成。圆锥面的素线是过锥顶和底圆圆周上任意一点的连线。

(2)圆锥的投影图。轴线垂直 H 面的投影如图 3-8 所示，圆锥的底圆为水平面，水平投影为圆，反映底圆的实形，底圆的正面投影和侧面投影均积聚为直线，且平行于各自投影轴。圆锥面的水平投影

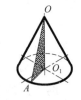

图 3-7 圆锥的形成

和底圆的水平投影重合，正面投影为三角形，最左(SA)、最右(SB)两条素线为正面投影的转向线，是圆锥对 V 面投影的可见与不可见的分界线；圆锥面的侧面投影为三角形，最前(SC)、最后(SD)两条素线为侧面投影的转向线，是圆锥对 W 面投影的可见与不可见的分界线。和轴线重合的转向线的投影均不需画出。

画圆柱或圆锥的投影图时，要先画轴线或中心线，然后画底面(先画反映圆实形的投影)和顶点，最后画转向线等。

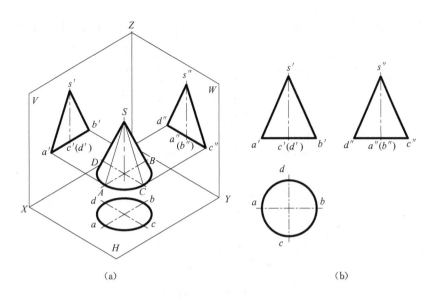

图 3-8 圆锥的投影图

3. 球的投影

(1) 球的形成。如图 3-9 所示,圆平面或半圆平面绕其直径旋转形成球。

(2) 球的投影图。球的三个投影都是与球直径相等的圆,如图 3-10 所示。球的水平投影是平行 H 面的转向圆的投影,该圆的正面投影和侧面投影分别与中心线重合。球的正面投影是平行 V 面的转向圆的投影。球的侧面投影是平行 W 面的转向圆的投影。

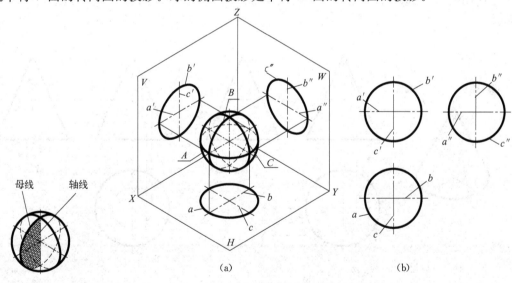

图 3-9 球的形成　　图 3-10 球的投影图

4. 回转体表面的点和线

求回转体表面上的点可用辅助圆法或素线法,特殊情况可利用积聚性直接求得。回转体表面的线若为直线,求两点连线即可;若为曲线,则除两端点外,还需要取出适量的中间点及可见与不可见的分界点的投影再连接,并判别可见性。

(1) 圆柱表面取点。图 3-11 中，当已知圆柱面上 A 点的正面投影 a' 时，可根据圆柱面的水平投影有积聚性的特点及表面取点的方法求出 a 和 a''。作图过程如图 3-11 所示。

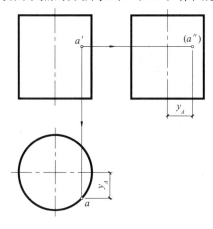

图 3-11　圆柱表面取点

(2) 圆锥表面取点。圆锥表面取点有两种方法。如图 3-12 所示，已知圆锥面上 K 点的正面投影 k'，求作另外两投影 k 和 k''。

辅助素线法：如图 3-12(a) 所示，$s\mathrm{I}$ 是圆锥表面的素线，K 点在 $s\mathrm{I}$ 上。作图时，在圆锥面上过 K 点的正面投影 k' 作素线 $s\mathrm{I}$ 的正面投影 $s'1'$，求出素线 $s\mathrm{I}$ 的另外两个投影后，再根据直线上取点的作图方法求出 K 点的另外两个投影。作图方法如图 3-12(b) 所示。

辅助圆法：在圆锥面上过 K 点作水平辅助圆，K 点在辅助圆上。作图方法如图 3-12(c) 所示。

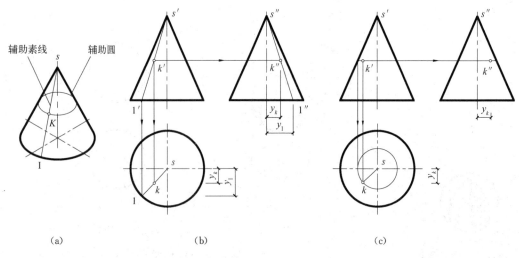

(a)　　　　　　(b)　　　　　　(c)

图 3-12　圆锥表面取点

(3) 球表面取点。球面上不能作出直线。在球面取点时可用在球面上作平行于投影面的辅助圆的方法作图。如图 3-13 所示，已知球面上 M 点的正面投影 m' 时，求水平投影 m 和侧面投影 m''。作图过程如图 3-13 所示。

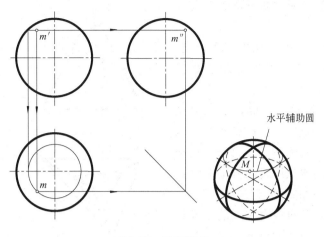

图 3-13 球面取点

利用平行于 V 面或 W 面的辅助圆在球面取点的方法与上述方法类似。

3.3 截 交 线

工程中常会遇到立体被平面截切的问题。图 3-14(a)为被平面截切后得到的平面体,图 3-14(b)为被平面截切后得到的曲面体。

平面与立体表面的交线称为截交线,平面称为截平面,截交线所围成的图形称为截断面,如图 3-15 所示。

截交线是截平面与立体表面的共有线,截交线上的点是截平面和立体表面的共有点。因此求截交线的投影,实质就是求截平面与立体表面的一系列共有点的投影。

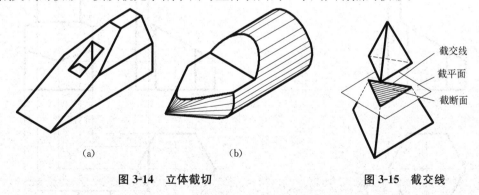

(a)　　　　　　　(b)

图 3-14　立体截切　　　　图 3-15　截交线

一、平面体的截交线

平面与平面体相交也可以说成是平面体被平面截切。由于平面体的表面由平面构成,所以它的截交线是由直线围成的平面多边形。多边形的顶点是截平面与立体的棱线或底边的交点,多边形的边是截平面与平面体表面的交线。因此,求平面体截交线的关键就是求出截平面与各棱面的交线或截平面与各棱线的交点。

65

例 3-1 求图 3-16 所示的正垂面 P 与三棱锥的截交线。

分析 由于平面 P 与三条棱线都相交，交点分别为Ⅰ、Ⅱ、Ⅲ，所以截交线是三角形。

又因为平面 P 垂直于 V 面，所示截交线的正面投影积聚为直线，为已知投影；水平投影和侧面投影为三角形的类似形，可根据正面投影用平面内取点取线的方法求出。

作图 作图方法如图 3-16 所示。

(1) 确定出 P 平面和棱线交点的正面投影 $1'$、$2'$、$3'$，由此求出水平投影 1、2、3 和侧面投影 $1''$、$2''$、$3''$。

(2) 依次连接Ⅰ、Ⅱ、Ⅲ各点的同面投影，并判别可见性，完成作图。

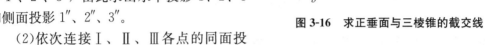

图 3-16 求正垂面与三棱锥的截交线

例 3-2 完成图 3-17(a) 所示的截切六棱柱的三面投影图。

分析 六棱柱的棱线垂直 H 面，所以棱面和棱线的水平投影积聚。六棱柱被正垂面和侧平面截切，截交线包括两部分，即平面七边形（正垂面）和平面四边形（侧平面）；两平面的交线是正垂线。

由截平面正面投影的积聚性，截交线的正面投影可以直接确定；由六棱柱水平投影的积聚性及截交线的正面投影，可以直接求出截交线的水平投影；再由正面投影和水平投影求出侧面投影。

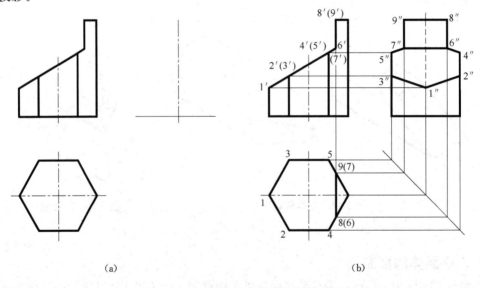

图 3-17 完成截切六棱柱的三面投影图

作图 作图方法如图 3-17(b) 所示。

(1) 作出六棱柱被截切前的侧面投影。

(2)求出正垂面和棱线交点的正面投影 $1'$、$2'$、$3'$、$4'$、$5'$，从而求出水平投影 1、2、3、4、5 和侧面投影 $1''$、$2''$、$3''$、$4''$、$5''$。

(3)根据交线的正面投影 $6'$、$7'$，求出水平投影 6、7 及侧面投影 $6''$、$7''$。

(4)根据侧平面和上底边的交点的正面投影 $8'$、$9'$ 及水平投影 8、9，求出侧面投影 $8''$、$9''$。

(5)依次连接截交线上各点的同面投影，判别可见性，完成作图。

二、回转体的截交线

平面与回转体相交的截交线一般为封闭的平面曲线或平面曲线和直线围成的平面图形。由于截交线是回转体表面和截平面的共有线，截交线上任一点均可看成是回转体表面上某条素线与截平面的交点，因此，求回转体截交线就要在回转体上选择适当数量的素线，求出其和截平面的交点，依次光滑连接求得。

1. 圆柱的截交线

根据截平面和圆柱轴线的相对位置不同，截交线有三种情况，如表 3-1 所示。

表 3-1 圆柱的截交线

截平面位置	与轴线平行	与轴线垂直	与轴线倾斜
截交线形状	矩 形	圆	椭 圆
轴测图		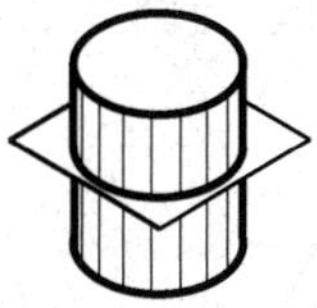	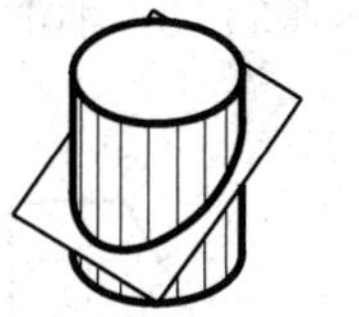
投影图	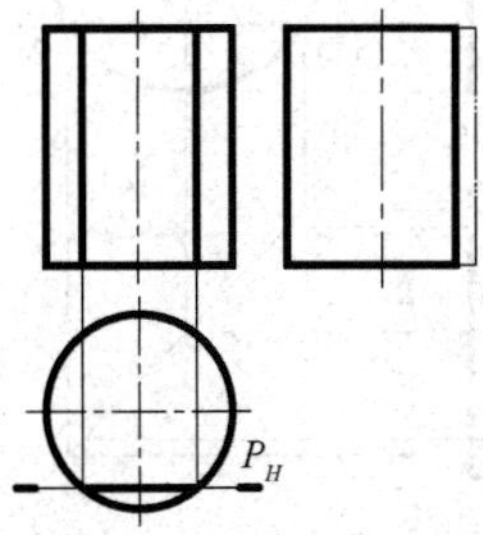	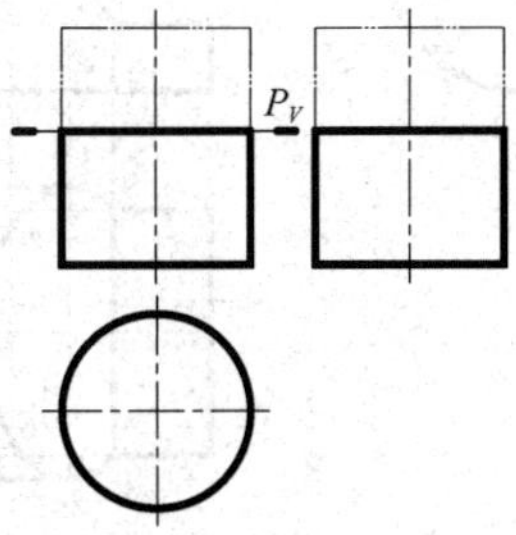	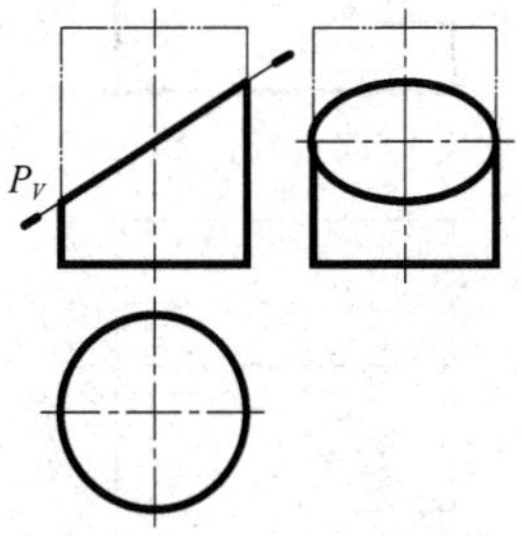

例 3-3 求图 3-18(a)所示平面与圆柱相交的截交线。

分析 平面 P 是正垂面，且与圆柱轴线相倾斜，截交线为一椭圆。椭圆的 V 面投影为一段直线，与平面 P 的正面迹线 P_V 重合；H 面投影为圆，与圆柱面的水平投影重合；侧面投影需要用投影关系求出。

作图 作图方法如图 3-18(b)、(c)所示。

(1)求特殊点(极限位置点、转向点、特征点等)。圆柱面上的 Ⅰ、Ⅱ、Ⅲ、Ⅳ 为正面投影和侧面投影的转向点，由正面投影和水平投影求出侧面投影。

(2) 求一般点：如圆柱面上的Ⅴ、Ⅵ、Ⅶ、Ⅷ。应求出适当数量的一般点。
(3) 将所求的各点依次光滑连接，并判别可见性，完成投影作图。

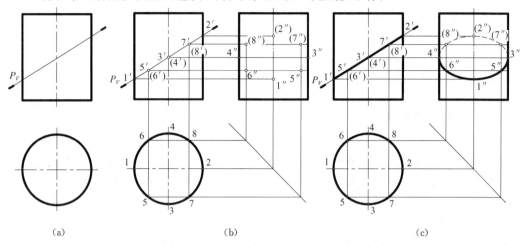

图 3-18 求平面与圆柱截交线

例 3-4 完成图 3-19(a)所示的截切圆柱的三面投影图。

分析 由图 3-19(a)可知，轴线水平放置的圆柱被一个水平面和一个正垂面截切，截交线由矩形和部分椭圆组成，两平面相交，交线为正垂线，也是矩形和椭圆的交线。

矩形正面投影和侧面投影积聚为平行投影轴的直线段，水平投影反映实形；椭圆正面投影积聚为倾斜投影轴的直线段，侧面投影与圆柱表面投影重合为圆，水平投影为椭圆（待求）。

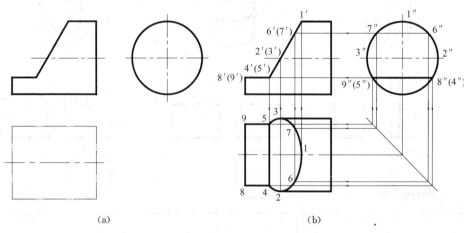

图 3-19 截切圆柱的三面投影图

作图 作图方法如图 3-19(b)所示。
(1) 作出圆柱的水平投影。
(2) 作出水平面（矩形）的侧面投影，再求水平投影。
(3) 由正垂面（椭圆）的正面投影和侧面投影求出水平投影，其中Ⅰ、Ⅱ、Ⅲ、Ⅳ、Ⅴ为特殊点，Ⅵ、Ⅶ为一般点。

(4)连接4、5,作出交线(正垂线)的水平投影。
(5)依次光滑连接各点,完成作图。

2. 圆锥的截交线

平面与圆锥相交,根据截平面与圆锥轴线的相对位置不同,分为五种情况,如表3-2所示。

表3-2 圆锥截交线

截平面位置	与轴线垂直	与轴线倾斜且和所有素线相交	过锥顶	与轴线倾斜且平行一条素线	与轴线或两条素线平行
截交线形状	圆	椭圆	三角形	抛物线	双曲线
轴测图					
投影图					

例 3-5 求图 3-20 所示平面与圆锥的截交线。

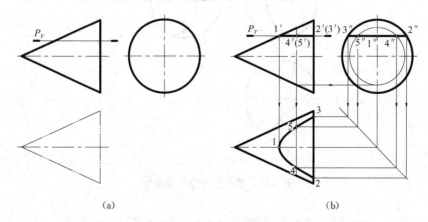

(a)   (b)

图 3-20 求平面与圆锥截交线

分析 如图 3-20(a)所示，截平面为水平面，平行于圆锥轴线，截交线为双曲线。双曲线的正面投影和侧面投影积聚为直线，水平投影反映实形(待求)。

作图 作图方法如图 3-20(b)所示。

(1)求特殊点。素线上的点Ⅰ和圆锥底面上的点Ⅱ、Ⅲ。由正面投影 1′、2′、3′和侧面投影 1″、2″、3″求出水平投影 1、2、3。

(2)求一般点。取适当数量的一般点，如Ⅳ、Ⅴ，在正面投影上取 4′、5′，作辅助圆，求出侧面投影 4″、5″，再由正面投影和侧面投影求出水平投影 4、5。

(3)光滑连接各点，判别可见性，完成作图。

3．球的截交线

任何位置的平面与球相交，其交线都是圆。当截平面平行于某一投影面时，截交线(圆)在该投影面上的投影反映实形，在另外两个投影面上投影积聚为直线；当截平面垂直某投影面时，在该投影面上投影积聚为直线，在另外两个投影面的投影为椭圆。当截平面为一般位置平面时，在三个投影面上的投影均为椭圆。

例 3-6 求图 3-21 所示的球被平面截切后的投影图。

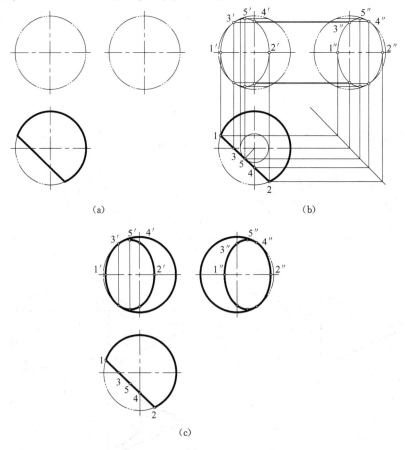

图 3-21 求平面与球的截交线

分析 如图 3-21(a)所示，从 H 面投影上可以看出球被铅垂面截切，因此截交线的 H 面投影积聚为直线，V 面和 W 面投影为椭圆。

作图 作图方法如图3-21(b)所示。

(1)求特殊点。转向点Ⅰ、Ⅱ、Ⅲ、Ⅳ(Ⅲ、Ⅳ有下对称点)，Ⅰ、Ⅱ也是椭圆短轴上的点，最高点Ⅴ(下对称点为最低点)为椭圆长轴上的点。

(2)求一般点。可用辅助圆法求适当数量的一般点。

(3)光滑连接，去掉或补全轮廓，完成作图，如图3-21(c)所示。

例3-7 求图3-14(b)或图3-22(a)所示的复合回转体的三面投影图。

分析 复合回转体由同轴的圆锥和圆柱叠加组合后，被一水平面和一正垂面截切。水平面同时截切圆锥和圆柱，分别得到一双曲线平面和一矩形平面；正垂面斜切圆柱得到部分椭圆，两截断面交线为正垂线。

截交线的正面投影已知，利用积聚性可以直接求出侧面投影。根据正面投影和侧面投影，利用投影关系求出水平投影。

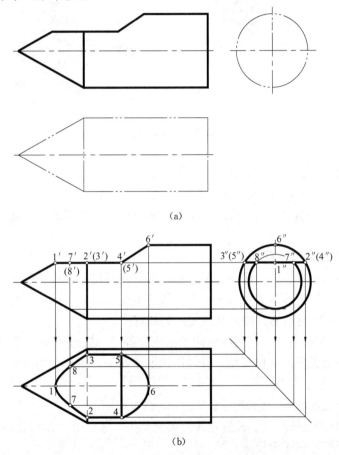

图3-22 同轴复合体的截切

作图 作图方法如图3-22(b)所示。

(1)作双曲线投影。先求出复合回转体的双曲线顶点Ⅰ和分界圆上点Ⅱ、Ⅲ的投影(由1′、2′、3′和1″、2″、3″求出1、2、3)，再利用辅助圆法求一般点Ⅶ、Ⅷ的水平投影7、8。

(2)作椭圆投影。求出椭圆上的特殊点，即交线上的点Ⅳ、Ⅴ及椭圆轴上的点Ⅵ，根据这几个点的正面投影 4′、5′、6′ 和侧面投影 4″、5″、6″，求出水平投影 4、5、6。

(3) 光滑连接 2、7、1、8、3，得到双曲线的水平投影，连接 2、4 和 3、5 得到矩形两条边的水平投影；光滑连接 4、6、5 得到部分椭圆的水平投影；连接交线的水平投影 45。

(4) 补全轮廓，判别可见性，完成作图。

3.4 相 贯 线

两立体相交，其表面产生的交线称为相贯线，如图 3-23 所示。相贯线的形状随相交立体表面的形状、大小及相对位置的不同而有所改变，但都具有以下性质。

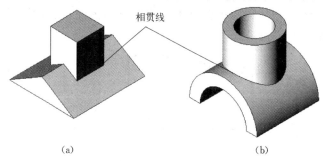

图 3-23 相贯线

(1) 相贯线是封闭的空间折线或曲线，特殊情况下是平面折线或曲线。
(2) 相贯线是相交的两立体表面的共有线，也是分界线。
由相贯线的性质可知，求相贯线的基本问题是求两立体表面的共有点。

一、两平面体的相贯线

两平面体相交的相贯线，一般情况下是封闭的空间折线框。求平面体相贯线的方法通常有两种：一种是求一平面体各棱线与另一立体棱面的交点；另一种是求两立体棱面的交线。

例 3-8 求图 3-24 所示的三棱锥和四棱柱的相贯线。

分析 如图 3-24(a) 所示，四棱柱的四条棱线全部与三棱锥贯穿，形成两组相贯线，且左右对称。四棱柱侧面投影有积聚性，可利用积聚性和平面内取点的方法，直接求得水平投影和正面投影。

作图 作图方法如图 3-24(b) 所示。

(1) 求四棱柱的四条棱线与三棱锥左棱面的交点Ⅰ、Ⅱ、Ⅲ、Ⅳ（利用侧面投影和面上取点的方法求出水平投影和正面投影）。
(2) 依次连接各点（只有在同一棱面上的点才能相连）。
(3) 判别可见性，去掉或补全轮廓。
因左右对称，三棱锥右侧棱面的相贯线可用同样方法求出。

图 3-25 所示的三棱锥从左向右贯穿一矩形孔。其孔口线可看成三棱锥被四棱柱贯通后形成的相贯线，其投影的求法与上例相同，区别是矩形孔的棱线的投影必须表示出来，如图中的虚线。

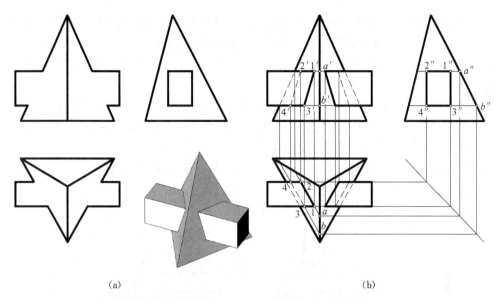

图 3-24 直立三棱锥和水平四棱柱相贯线

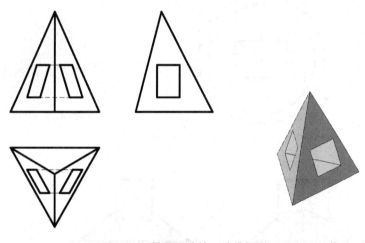

图 3-25 带贯通孔的三棱锥投影

二、平面体与回转体的相贯线

平面体与回转体相贯，其相贯线是由若干段平面曲线或平面曲线和直线组成。各段平面曲线或直线，就是平面体上各侧面切割曲面体所得的截交线。平面体的棱线与回转体表面的交点，就是各段平面曲线或直线的连接点。

例 3-9 求图 3-26 所示四棱柱和圆锥的相贯线。

分析 四棱柱的四个侧面平行于圆锥轴线，所以相贯线是由四条双曲线组成的空间闭合线。四条双曲线的连接点就是四棱柱的四条棱线与圆锥面的交点。相贯线的水平投影与四棱柱的水平投影重合，需要求出相贯线的正面投影和侧面投影。

作图 作图方法如图 3-26 所示。

(1) 求特殊点。先求四条相贯线的连接点Ⅰ、Ⅱ、Ⅲ、Ⅳ。因为水平投影已知，所以过

Ⅰ点的水平投影1作辅助素线 SA 的水平投影 sa，再由素线正面和侧面投影求出Ⅰ点的两个投影 1′和 1″；用同样方法求出Ⅱ、Ⅲ、Ⅳ点的正面和侧面投影，如图 3-26(a)所示。

再求前后或左右双曲线的最高点Ⅴ、Ⅵ、Ⅶ、Ⅷ。该四个点位于圆锥的前、后、左、右四条转向线上，可直接求出，如图 3-26(a)所示。

(2)用素线法求一般点。在适当位置取水平投影 m、n，过 m、n 作素线(如 sb，由 sb 求出 s′b′)，由于 M、N 在素线上，由此求出两个一般点 M、N 的正面投影 m′、n′，最后由 m、n 和 m′、n′求出 m″、n″，如图 3-26(b)所示。

(3)光滑连接。正面投影连接 5′—1′—7′—3′—6′，侧面投影连接 8″—2″—5″—1″—7″，如图 3-26(b)所示。

(4)判别可见性，去掉和补全轮廓，完成作图。

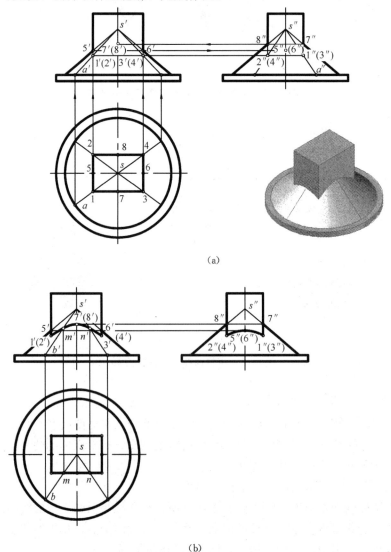

图 3-26　四棱柱与圆锥的相贯线

三、两回转体的相贯线

两回转体的相贯线一般是封闭的空间曲线,特殊情况下为平面曲线或直线。

1. 相贯线求法

求两回转体相贯线投影的一般方法是辅助平面法,即利用三面共点的原理,作一辅助面,使其与两个回转体的表面相交,两表面截交线的交点即为两回转体表面的共有点。选择辅助平面的基本原则是使截交线及截交线的投影为直线或圆。

如果两回转体具有积聚性,则利用积聚性来求两回转体的相贯线,作图将更为方便。

例 3-10 求图 3-27 所示的正交的圆柱与圆台的相贯线。

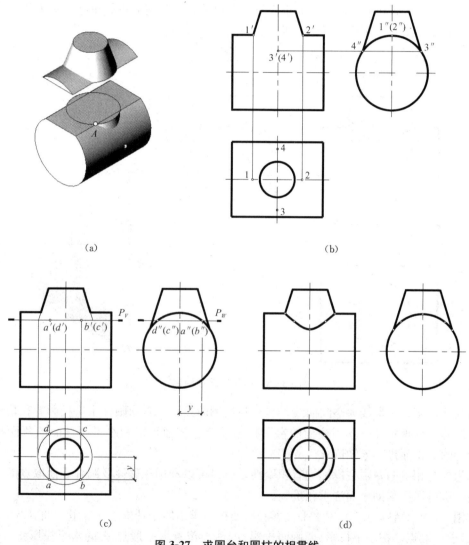

图 3-27 求圆台和圆柱的相贯线

分析 圆台与圆柱正交,相贯线为空间曲线。圆台轴线为铅垂线,圆柱轴线为侧垂线,圆柱的侧面投影有积聚性。相贯线的侧面投影与圆柱面的侧面投影重合为圆,其水平投影和正面投影未知待求。

根据圆台和圆柱的特征及相对位置,可选水平面为辅助平面。水平面与圆台表面交线为圆,与圆柱表面交线为直线,如图 3-27(a)所示。

作图 作图方法如图 3-27(b)、(c)所示。

(1)求特殊点。4 个特殊点Ⅰ、Ⅱ、Ⅲ、Ⅳ是圆台正面和侧面转向线上的点,由正面投影和侧面投影可以直接求出,如图 3-27(b)所示。

(2)求一般点。作辅助平面 P(迹线 P_V 或 P_W),使其与圆台交线为圆,与圆柱表面交线为两条平行线,圆和平行线的交点即为相贯线上的一般点 A、B、C、D,求出适量的一般点,如图 3-27(a)、(c)所示。

(3)依次光滑连接各点,判别可见性,去掉或补全轮廓,相贯线如图 3-27(d)所示。

位于后半圆台面和后半柱面上的正面投影不可见,但与前面投影重叠,只表达可见部分即可,水平投影在上半柱面都可见,相贯线如图 3-27(d)所示。

例 3-11 求图 3-28 所示的两正交圆柱的相贯线。

分析 如图 3-28 所示。

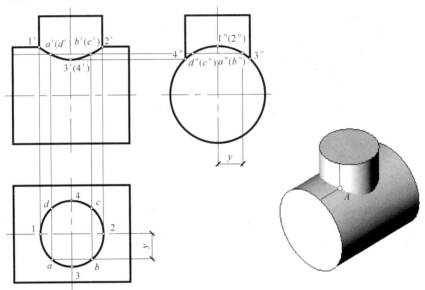

图 3-28 两正交圆柱相贯

两圆柱正交,相贯线为空间曲线。水平圆柱侧面投影、直立圆柱水平投影有积聚性,所以相贯线的水平投影和直立圆柱面的水平投影重合、侧面投影和水平圆柱面的侧面投影重合,均为圆;正面投影未知待求。

因为参与相贯的两圆柱投影均有积聚性,所以可以利用积聚性及圆柱表面取点的方法求相贯线,也可以用辅助平面法求相贯线。

作图 (1)求特殊点。利用水平投影和侧面投影求出四个特殊点Ⅰ、Ⅱ、Ⅲ、Ⅳ。

(2)求一般点。在水平投影(或侧面投影)的适当位置取一般点 A 的水平投影 a,利用 y 坐标相等,求出侧面投影 a'',由 a 和 a'' 求出正面投影 a'。用同样方法求出 B、C、D 三点的正面投影 b'、c'、d'。

(3)光滑连接并判别可见性。由于轴线正交,因此相贯线前后对称,投影重叠,只表示可见部分即可。

图 3-29 所示为实体开孔的相贯情况。其相贯线的求法与实体相交相同，作图时注意相贯线的可见性及孔的轮廓线的投影。

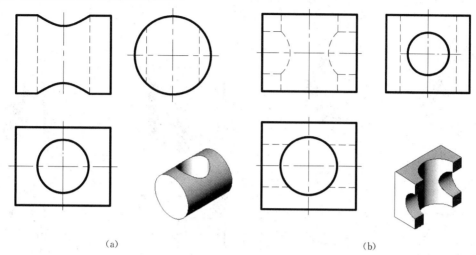

图 3-29 实体开孔

2. 相贯线的特殊情况

两回转体的相贯线，一般为空间曲线，但特殊情况下可能是平面曲线或直线。

（1）相贯线为椭圆。当两回转体表面同切于一球面时，其相贯线为椭圆，如图 3-30 所示。

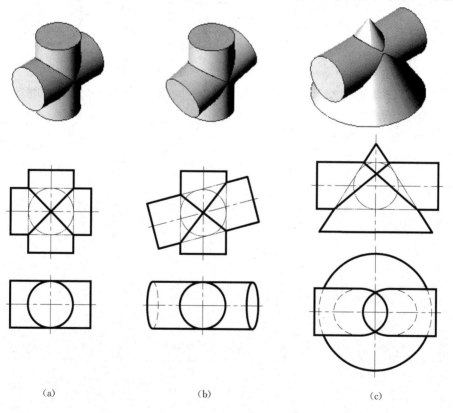

图 3-30 相贯线为椭圆的情况

(2)相贯线为圆。两同轴回转体,其相贯线为垂直公共轴线的圆,如图 3-31 所示。

(3)相贯线为直线。当两圆柱轴线平行时,相贯线为两条平行线,如图 3-32(a)所示;两圆锥共锥顶时,其相贯线为两条相交直线,如图 3-32(b)所示。

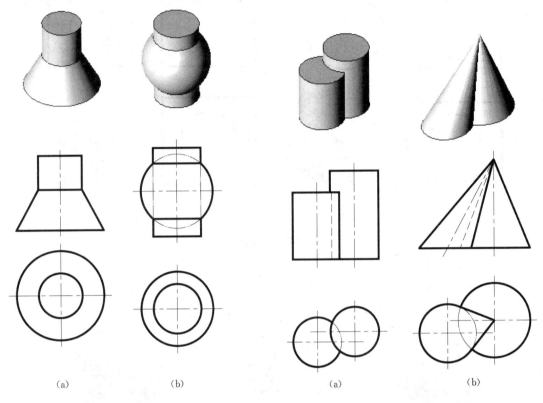

  (a)   (b)   (a)   (b)

图 3-31 相贯线为圆的情况   图 3-32 相贯线为直线的情况

第四章 组 合 体

4.1 组合体的组合方式及分析方法

一、组合体的组合方式

由一些简单的基本体按一定的方式组合而形成的形体,称为组合体。组合体的组合方式有叠加和切割两种,常见的组合体常由这两种方式综合而成。图 4-1(a)所示的组合体为四棱柱和圆柱叠加而成;图 4-1(b)所示形体可以看成是由四棱柱前面切掉一个四棱柱,然后用一个平面斜切掉一个三棱柱而成;图 4-1(c)所示形体,是由既有叠加又有切割的综合方式形成的形体。

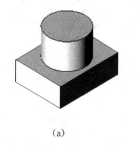

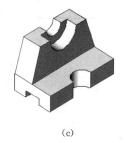

(a) (b) (c)

图 4-1 组合体的组合方式

由基本形体通过叠加或切割形成组合体后,相邻表面间存在着平齐、相切及相交的位置关系。

(1)平齐。两基本体表面平齐时,两表面共面,因而投影图上不画分界线,如图 4-2(a)所示。

(2)相切。两基本体表面相切时,在切线处光滑过渡,不画线,如图 4-2(b)所示。

(3)相交。两基本体表面相交时,相交处产生交线(相贯线或截交线),在投影图中应画出交线的投影,如图 4-2(c)、(d)所示。

二、形体分析法

在画图、读图及标注尺寸之前,要先对组合体进行形体分析,即假想把组合体分解成若干个基本体,分析各基本体之间的组合方式及相互位置关系,这种方法称为形体分析法,如图 4-3(a)所示组合体,用形体分析法可将其分解为图 4-3(b)所示的几个基本体。

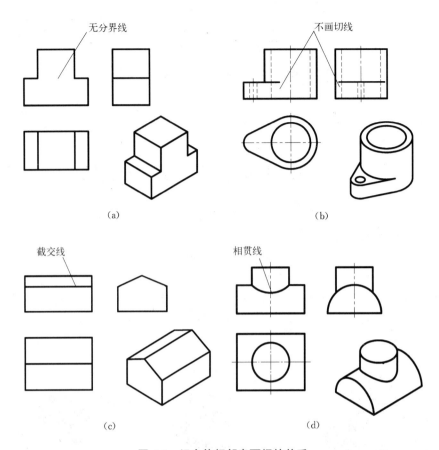

图 4-2 组合体相邻表面间的关系

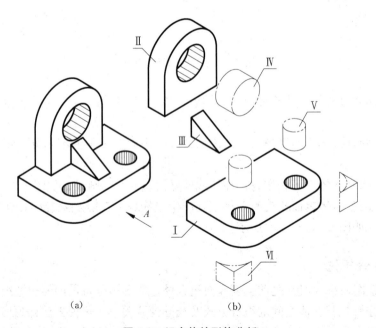

图 4-3 组合体的形体分析

4.2 组合体的三面投影图

画组合体三面投影图的基本方法是形体分析法,即用形体分析法将组合体分解成若干基本体后,按各基本体间的相互位置分别画出各自的三面投影图,分析清楚其相邻表面间的关系即可完成作图。

以图 4-3 所示组合体为例,说明画组合体投影图的一般方法。

1. 形体分析

如图 4-3(b)所示,组合体由底板Ⅰ(其上挖切掉两个小圆柱Ⅴ和切掉前面的两个角Ⅵ)、U 形柱Ⅱ(其上挖切掉圆柱Ⅳ)及三棱柱Ⅲ叠加组合而成。

2. 确定投影图

(1)确定安放位置。使组合体的表面尽可能多地平行或垂直投影面,如图 4-3(a)所示的位置。

(2)选定正面投影图的投射方向。正面投影图的投射方向应能较多地反映组合体中各组成部分之间的相互位置关系及形状特征,并且使其他投影图中虚线尽可能少,如图 4-3 中的 A 向。

(3)选择比例和图幅。根据组合体的复杂程度和实际大小,选择国家标准规定的适当的比例和图幅。

(4)布图、画基准线。先画出图框线、标题栏;再根据三个方向的总体尺寸,将三个投影图均匀地布置好位置。画出每一投影图上的作图基准线,如较大基本体的底面、对称面、主要轴线、大圆的对称中心线等,如图 4-4(a)所示。

(5)画底稿。依次画出各基本体的三面投影图。一般先画主要形体,后画次要形体;先画反映形体特征的投影,再画其他投影;先画外轮廓,后画内部形状,如图 4-3 所示的组合体画图顺序为:先画底板,其次画 U 形柱,最后画三棱柱,画图步骤如图 4-4 所示。

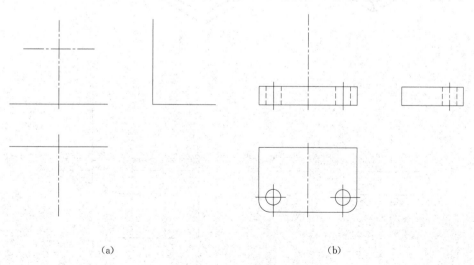

(a) (b)

图 4-4 组合体画图步骤(一)
(a)布图、画基准线;(b)画底板

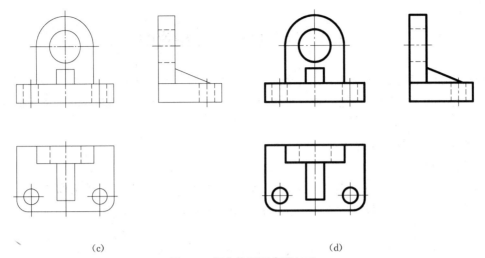

(c) (d)

图 4-4 组合体画图步骤(二)

(c)画 U 形柱和三棱柱；(d)检查、描深

应注意的是，按形体分析法画图时，同一形体的三个投影图应按投影关系同时画出。

(6)检查、描深。底稿完成后，应按形体分析的方法，对形体进行逐个检查，确认没有错误后再描深。

(7)标注尺寸。尺寸注法和具体要求见 4.3。

例 4-1 画出图 4-5(a)所示组合体的三面投影图。

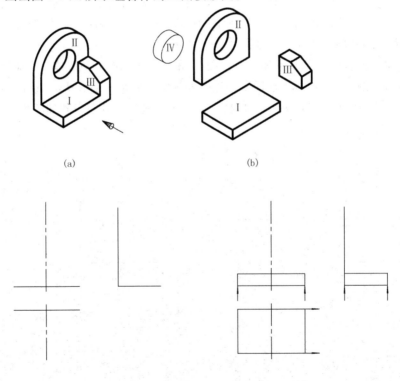

(c) (d)

图 4-5 画组合体的三面投影图(一)

(a)已知组合体；(b)形体分析；(c)定基准；(d)画形体 I

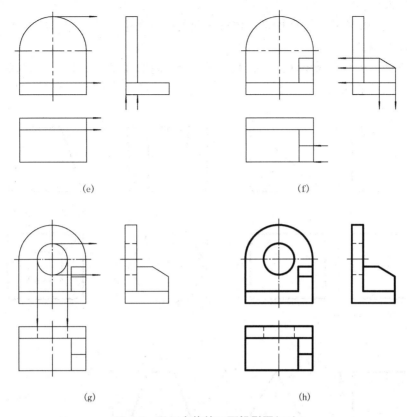

图 4-5　画组合体的三面投影图(二)
(e)画形体Ⅱ；(f)画形体Ⅲ；(g)画形体Ⅳ；(h)检查描深

(1)进行形体分析。该组合体由四棱柱Ⅰ、U形柱Ⅱ、五棱柱Ⅲ及U形柱Ⅱ中挖切掉的圆柱Ⅳ组合而成。U形柱Ⅱ、五棱柱Ⅲ均与四棱柱Ⅰ平齐叠加，如图4-5(a)、(b)所示。

(2)确定正面投影。选择图4-5(a)中箭头所指的方向为正面投影方向。

(3)选比例，定图幅。按1∶1的比例，确定图幅的大小。

(4)布图，画基准线。如图4-5(c)所示。

(5)逐个画出各形体的三面投影图。如图4-5(d)～(g)所示。

(6)检查、描深，最后再全面检查。如图4-5(h)所示。

4.3　组合体的尺寸标注

投影图只表达了形体的结构形状，而其大小及各部分之间的相互位置，必须由尺寸来确定。对于组合体，其标注的基本要求是完整和清晰。

一、尺寸标注要完整

为了保证尺寸注全，需要注出以下几种尺寸。

(一)定形尺寸

定形尺寸是确定组成组合体中基本体形状和大小的尺寸。

1. 常见基本体的尺寸标注

确定基本体的大小,需要注出长、宽、高三个方向的尺寸,图 4-6 所示为常见平面体和回转体的定形尺寸的注法。

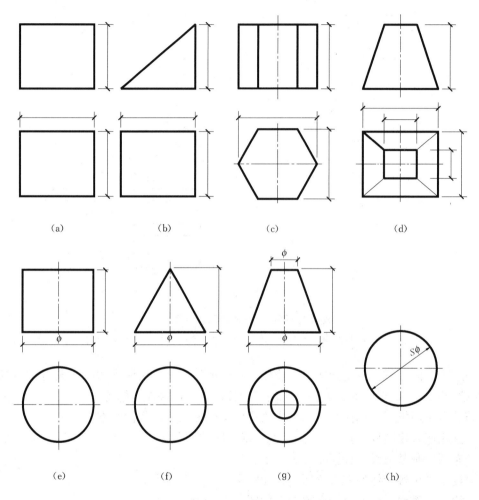

图 4-6　基本体尺寸注法

2. 截切体和相贯体的尺寸标注

图 4-7(a)、(b)、(c)所示为基本体截切的尺寸注法。在截切体中,截交线是由截平面与基本体相交产生的,只要确定了截平面的位置,截交线的形状是自然形成的,因此,截切体标注时,只需标注基本体的定形尺寸和截平面的位置尺寸,不标注截平面的形状尺寸。

图 4-7(d)所示为相贯体的尺寸注法。相贯体中要标注参与相贯的基本体的定形尺寸和基本体间的定位尺寸,参与相贯的基本体的形状和位置确定后,相贯线的形状是自然形成的,因此也不必标注相贯线的形状尺寸。

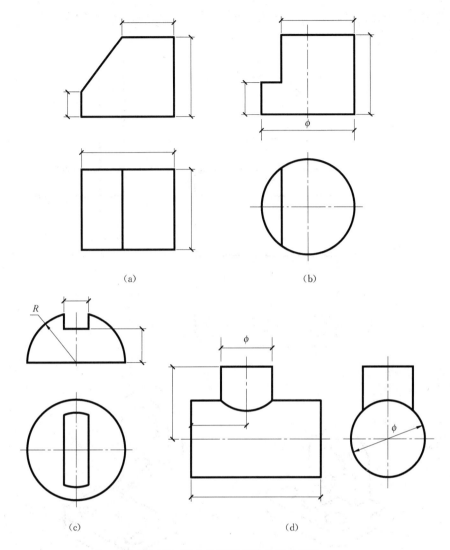

图 4-7 截交体和相贯体的尺寸标注

(二)定位尺寸和尺寸基准

定位尺寸是确定组合体中基本体在组合体中的相对位置的尺寸。组合体中各部分之间的相对位置应从长、宽、高三个方向来确定。

标注定位尺寸必须要选定尺寸基准,以确定各组成部分之间的位置关系。标注定位尺寸的起点,称为尺寸基准。常将组合体上大圆的中心、对称面、回转体的轴线、重要的底面和端面等作为尺寸基准。选定尺寸基准后,从尺寸基准出发,标注每一个基本体的对称面、回转体的轴线、端面及截平面等定位尺寸。图 4-8 所示的组合体标注中标出了三个方向的尺寸基准及定位尺寸,其中 U 形柱中圆孔的定位尺寸为 72,底板上左右两小孔定位尺寸为 90 和 65。

若两形体在某一方向上处于对齐、对称、同轴等位置关系时,该方向的定位尺寸可省略一个,如图 4-8 中底板两个小圆孔长度方向的定位尺寸,只对称地标注一个;省略了高度方向的定位尺寸；U形柱上直径为 $\phi 42$ 的孔，省略了宽度方向和长度方向的定位尺寸。

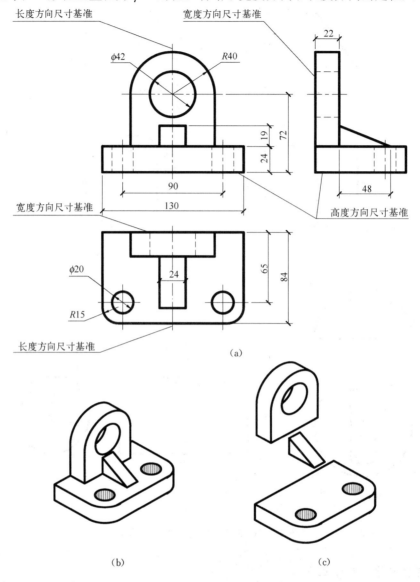

图 4-8 组合体的尺寸标注

(三) 总体尺寸

为了表达组合体的总体大小及所占空间位置，组合体一般要标注出总长、总宽和总高。总体尺寸要直接标注出。有时在标注总体尺寸时，去掉一个同方向的定形尺寸，以保证尺寸标注的完整性，如图 4-9(b) 所示，加注总高 52 的同时，去掉同方向的定形尺寸 32。

当组合体某个方向的外轮廓为回转面时，一般不注总体尺寸，而是由确定回转面轴线的定位尺寸和回转面的定形尺寸间接确定。如图 4-8 中的高度方向就没有注总体尺寸，总高尺寸由确定回转轴线的定位尺寸 72 和回转面的定形尺寸 $R40$ 间接确定。

图 4-10 所示为不直接标注总体尺寸的常见结构。

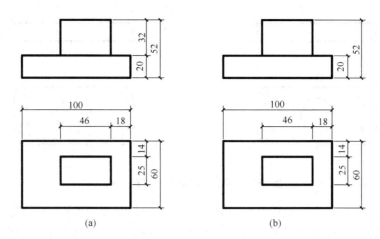

图 4-9　标注尺寸示例

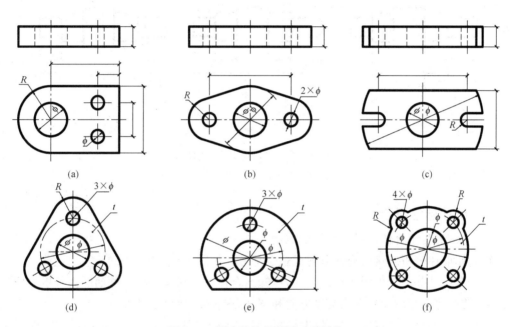

图 4-10　不直接注总体尺寸的结构

有时为了满足加工工艺要求，既要标注总体尺寸，也要标注定形尺寸，如图 4-11 所示。图中底板四个角的小圆柱可能与孔同轴，也可能不同轴，但无论同轴与否，都要标注孔的轴线间的定位尺寸和圆柱面的定形尺寸 R，而且要标注出总体尺寸。

二、尺寸标注要清晰

尺寸标注除了要求完整外，还要方便看图，所以一般要注意以下几点。

(1) 尺寸排列要整齐。尺寸尽量标注在两个相关投影之间。同一方向上连续标注的几个尺寸应尽量配置在少数几条线上，如图 4-12 所示。

(2) 尺寸应标注在反映形体特征最明显的投影图上，并尽量避免在虚线上标注尺寸。

(3) 同一基本体的定形与定位尺寸，尽可能集中标注在一两个投影图上。

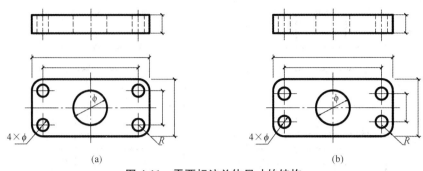

图 4-11 需要标注总体尺寸的结构

(4)半径尺寸应标注在反映圆弧实形的投影上,直径尺寸尽量注在非圆投影上。

(5)尺寸尽量标注在投影图轮廓外面,小尺寸在内,大尺寸在外,以保证图形的清晰,避免尺寸线交叉。

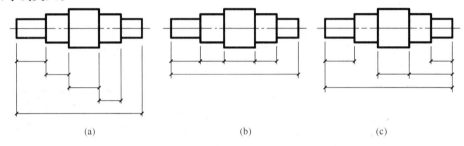

图 4-12 同一方向连续尺寸的排列

(a)不好;(b)好;(c)好

三、尺寸标注举例

如图 4-8(a)为组合体的尺寸标注的示例。

(1)先作形体分析。将组合体分解成三个部分,如图 4-8(c)。

(2)选定尺寸基准。由图 4-8(a)、(b)可知组合体左右对称,该对称面即为长度方向的主要尺寸基准;底面和后面分别为高度方向和宽度方向的主要尺寸基准。

(3)标注定形尺寸、定位尺寸及调整总体尺寸。选定基准后,先注定形尺寸,即逐个注出基本体的定形尺寸,如底板:长 130、宽 84、高 24,前端小圆柱半径 $R15$,底板小孔 $\phi20$;U 形柱:半径 $R40$、柱孔直径 $\phi42$、宽 22;三棱柱:长 24、宽 48、高 19。再注各基本体之间的定位尺寸,U 形柱孔轴线高度方向定位尺寸 72,底板两个小圆孔定位尺寸为 90 和 65。最后调整总体尺寸,总长和总宽与底板的长度和宽度方向定形尺寸重合,总高由 U 形柱半径尺寸和柱孔轴线的定位尺寸间接得出,均不需重复标注。

(4)检查。可以从上至下或从下至上逐个形体进行检查,看尺寸是否注全,标注是否清晰、明显。

4.4 读组合体的投影图

画图是把空间形体用正投影法表达为三面(或多面)投影图,而读图是根据已有的三面

(或多面)投影图，想象出空间形体的结构形状及大小。读图是画图的逆过程。

读图的基本方法是形体分析法和线面分析法。实际读图时，两种方法常常综合使用。

一、读图时注意问题

(1)几个投影联系起来看。一个投影不能反映空间形体的结构形状。如图 4-13(a)所示，水平投影相同，但正面投影不同，因此表达的是四种不同的形体；如图 4-13(b)所示，正面投影相同，水平投影不同，也表达的是四种不同的形体。因此，看图时不能只看一个投影，必须几个投影联系起来看，才能想象出正确的空间形状。

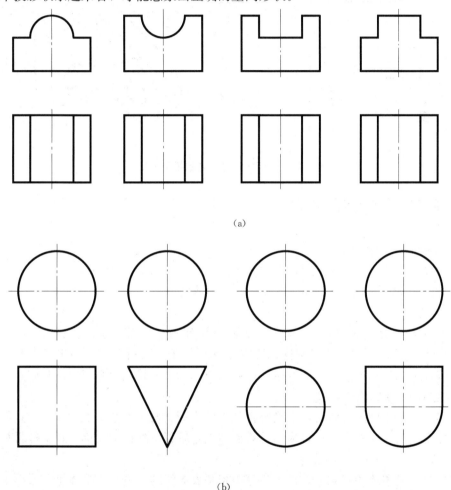

图 4-13 具有相同投影的形体

(2)从反映形体结构特点的投影看起。组成组合体的各个基本体的结构特征并不一定都集中在一个投影上，如图 4-14 所示的组合体，由三个基本体叠加而成，仅从正面投影和水平投影并不能完全反映组合体的整体特征，正面投影反映了形体Ⅰ、Ⅱ的结构特点，而形体Ⅲ的结构特点反映在侧面投影上。所以读图时，从正面投影入手，配合其他投影，能较快地识别出组合体的形状。

(3)投影图中的线和线框的含义。组合体投影图中的封闭线框可看成是形体上的一个面(平面或曲面)或是孔、洞的投影;投影图中的线则可以看成是形体上具有积聚性的面、棱线或交线的投影。

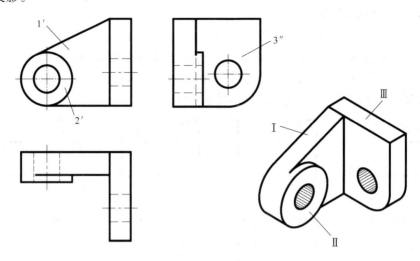

图 4-14 从反映形体特点的投影分析

二、读图的基本方法和步骤

(一)形体分析法

1. 划分线框、分解形体

从正面投影入手,划分线框,按形体分析法将组合体分解。如图 4-15(a)所示,从正面投影图中划分三个线框Ⅰ、Ⅱ、Ⅲ,其正面投影分别为 1′、2′、3′。

2. 对照投影、识别形体

将正面投影划分出的线框,在其他投影中找到对应投影,逐个识别出形体。从图 4-15(b)中可以看出,形体Ⅰ为半圆柱中切掉一个小半圆柱;从图 4-15(c)中可以看出,形体Ⅱ为带等腰梯形切口和圆弧切口的四棱柱;从图 4-15(d)中可以看出,形体Ⅲ接近四棱柱。

3. 确定位置、想出整体

识别出每个基本体的形状后,再确定各基本体之间的相对位置。由图 4-15(a)可见,形体Ⅱ对形体Ⅰ前后、左右都对称;形体Ⅲ对形体Ⅰ前后、左右也都对称,且形体Ⅲ和形体Ⅱ左右平齐。

在看懂每个基本体的基础上,进一步分析相邻表面间的关系,如形体Ⅲ和形体Ⅰ上表面相交,有交线。最后综合想象出整体,如图 4-15(e)所示。

(二)线面分析法

在形体分析法的基础上,对有些切割型的形体或综合型组合体的局部不规则部位,常采用线面分析法进行读图。线面分析法是通过识别线、面等几何要素的位置及形状,来想象形体的形状。

读懂图 4-16 所示的形体投影图。

(1)先识别被切割的基本体。根据给出的三面投影图,可以看出三个投影的最外线框均接近矩形,因此可以确定该形体是由长方体切割而成。

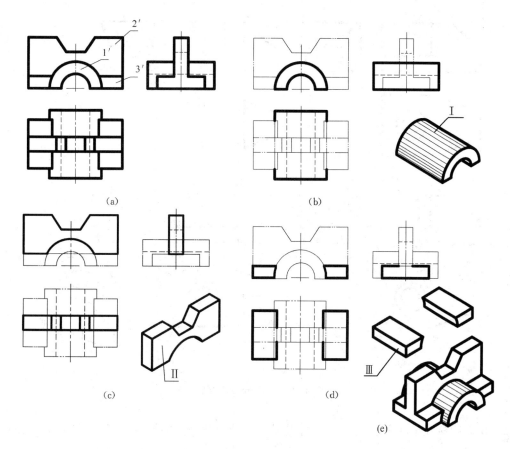

图 4-15 形体分析法读图

(2)分析投影图中的线和线框。在正面投影中线段 1′对应的另外两个投影 1 和 1″均为四边形线框(类似形),所以对应的平面为正面投影积聚的正垂面(平面Ⅰ),即用正垂面切去长方体的左上角,如图 4-16(b)、(e)所示。

在水平投影中的线段 2 对应的另外两个投影 2′和 2″为七边形线框,所以对应的平面为铅垂面(平面Ⅱ),即用铅垂面在长方体左侧的前后各切掉一个三棱柱,如图 4-16(c)、(e)所示。

在侧面投影中,线段 3″对应正面投影 3′为线段,水平投影 3 为四边形线框,所以Ⅲ面为水平面;同理,从侧面投影看线段 4″,对应的正面投影 4′为四边形线框,水平投影 4 为虚线段,所以Ⅳ为正平面,因此Ⅲ 面和Ⅳ面是在长方体的前面切掉一个四棱柱(后面四棱柱是对称切割)而形成的,如图 4-16(d)、(e)所示。

(3)综合想象整体。通过对切割面及切割面间交线的分析,最后综合想象出整体形状,如图 4-16(e)所示。

例 4-2 根据图 4-17(a)给出的正面投影和水平投影,想象出空间形状,补画出侧面投影。

分析 根据给出的正面投影划分出两个线框 1′、2′,配合水平投影可以看出,该组合体由两个实体Ⅰ和Ⅱ叠加组合而成,实体Ⅰ是一个四棱柱,左上角切去一个三棱柱、左侧前后

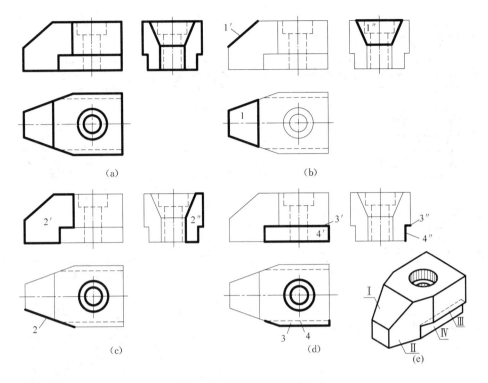

图 4-16 线面分析法读图

对称地切去四棱柱Ⅲ和U形柱Ⅳ；实体Ⅱ是一个棱柱和圆柱的组合体，挖切掉一个小圆柱。如图 4-17(f)所示。

根据分析想象出组合体形状，如图 4-17(g)所示。

作图

(1)补画侧面投影。按投影规律，先画出实体的侧面投影，再画挖切的侧面投影，不可见轮廓画虚线，如图 4-17(a)～图 4-17(d)。

(2)检查、整理，完成作图，如图 4-17(e)所示。

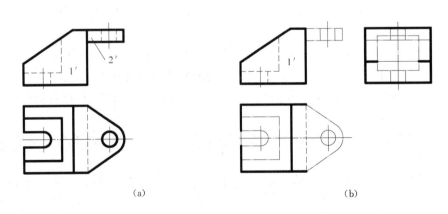

图 4-17 由已知的两个投影补画第三投影(一)

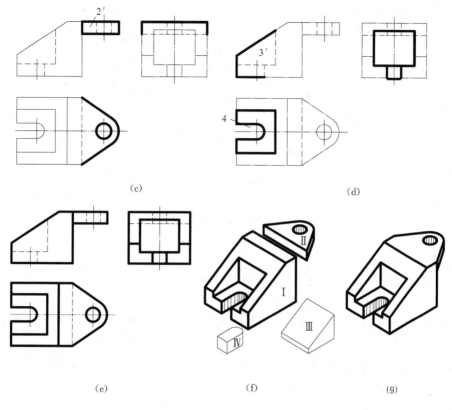

图 4-17 由已知的两个投影补画第三投影(二)

4.5 组合体的轴测图

三面正投影图能完全确定形体的真实形状,并且作图简便,但缺乏立体感。轴测图是一种立体图,能在一个投影面上反映形体长、宽、高三个方向的形状,因此,立体感较强。但轴测投影不能反映形体表面的真实形状,度量性差,所以在工程上轴测图常用作辅助图样。

一、轴测投影的基本概念

1. 轴测图的形成

如图 4-18 所示,用平行投影法将形体连同空间直角坐标,沿不平行于任何坐标平面的方向投影到某一投影面上所得到的图形称为轴测投影图,简称轴测图。其中,P 称为轴测投影面,S 为投影方向,空间形体上的坐标轴 OX_1、OY_1、OZ_1 在轴测投影面上的投影 OX、OY、OZ 称为轴测轴。

2. 轴间角及轴向伸缩系数

轴间角:两个轴测轴之间的夹角称为轴间角。

轴向伸缩系数:与空间直角坐标轴平行的线段投射到轴测投影面上时,其投影长度常会发生变化。沿轴测轴方向的单位长度与相应直角坐标轴上的单位长度的比值称为轴向伸缩系数。X、Y、Z 三个方向的轴向伸缩系数分别用 p、q、r 表示。

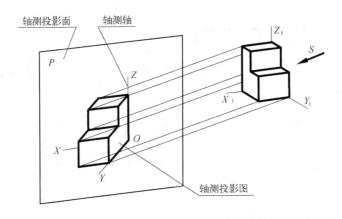

图 4-18 轴测图的形成

3. 轴测图的基本特性

(1)空间立体上相互平行的线段,在轴测图上也相互平行。

(2)空间立体上与坐标轴平行的线段,它们在轴测图上也一定与相应的轴测轴平行,并且其轴向伸缩系数也与相应轴的轴向伸缩系数相同。因此,画轴测图时,凡是与坐标轴平行的直线段,都可以沿着轴测轴轴向进行作图和测量。所谓"轴测"就是沿"轴向测量"的意思。

(3)立体上不平行轴测投影面的平面图形,在轴测图上变成原形的类似形,如正方形的轴测投影为菱形,圆的轴测投影为椭圆。

4. 轴测图的分类

按照投射方向和轴向伸缩系数的不同,轴测图可分为两类:正轴测图(投射方向垂直轴测投影面)和斜轴测图(投射方向倾斜于轴测投影面)。

(1)正轴测图。

正等轴测图(简称正等测):轴向伸缩系数 $p=q=r$。

正二轴测图(简称正二测):轴向伸缩系数 $p=r\neq q$,$p=q\neq r$ 或 $q=r\neq p$。

正三轴测图(简称正三测):轴向伸缩系数 $p\neq q\neq r$。

(2)斜轴测图。

斜等轴测图(简称斜等测):轴向伸缩系数 $p=q=r$。

斜二轴测图(简称斜二测):轴向伸缩系数 $p=r\neq q$,$p=q\neq r$ 或 $q=r\neq p$。

斜三轴测图(简称斜三测):轴向伸缩系数 $p\neq q\neq r$。

为了作图方便,常采用正等轴测图和斜二轴测图。

二、正等轴测图

(一)轴间角和轴向伸缩系数

在正等轴测图中,确定物体空间位置的三个坐标与轴测投影面的倾角均相等。

正等轴测图的轴间角 $\angle XOY = \angle YOZ = \angle ZOX = 120°$。作图时,将 OZ 轴画成铅垂线,OX、OY 轴分别与水平线成 $30°$ 角,如图 4-19 所示。

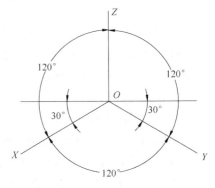

图 4-19 正等测轴间角

正等轴测图各轴向伸缩系数均相等,即 $p=q=r\approx0.82$。为了简化作图,常采用简化轴向伸缩系数,即取 $p=q=r=1$,即平行于轴测轴的线段,可直接按形体上相应线段的实际长度量取,不需换算。这样画出的正等轴测图,沿各轴向长度是原长的 $1/0.82\approx1.22$ 倍,即用简化轴向伸缩系数画出的轴测图比原轴测图沿轴向都放大了 1.22 倍,但立体形状没有改变,并不影响立体感。

(二)正等轴测图的画法

画形体的轴测图的基本方法是坐标法。在绘制组合体轴测图时,还要用到切割法或组合法。

1. 平面体的正等轴测图

用坐标法画平面体的轴测图时,根据平面体各角点的坐标或尺寸,沿轴测轴,按简化轴向伸缩系数,逐点画出,然后依次连接,即得平面体的轴测图。

例 4-3 画出如图 4-20(a)所示三棱锥的正等轴测图。

分析 根据三棱锥的形体特点,取坐标后,用坐标法找出三棱锥的顶点后连线。一般轴测图不画虚线。

作图 如图 4-20 所示。

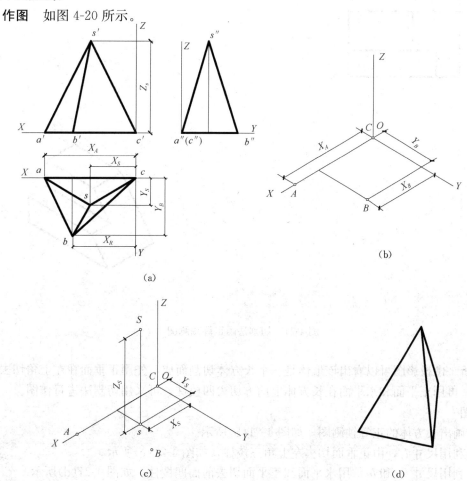

图 4-20 三棱锥正等测图的作图步骤

(1)在投影图上取坐标系,确定各顶点坐标,如图 4-20(a)所示。

(2)画出正等轴测轴,根据坐标确定底面各顶点的 A、B、C 轴测投影位置,如图 4-20(b)所示。

(3)确定锥顶 S 的轴测投影位置(先作出 S 的水平投影 s,再由 Z_S 确定 S),如图4-20(c)所示。

(4)连接各顶点,加深可见轮廓,擦去不可见轮廓和多余作图线,即得三棱锥的轴测投影图,如图 4-20(d)所示。

例 4-4 根据图 4-21(a)所示三面投影图,画正等轴测图。

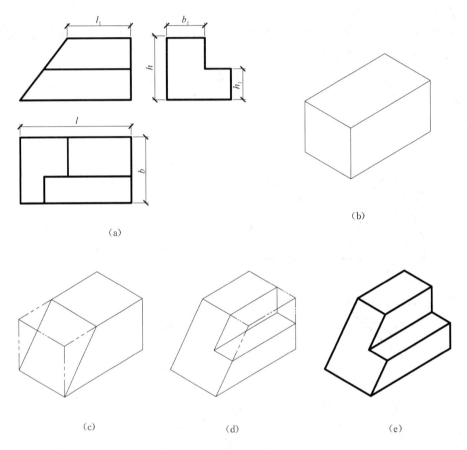

图 4-21 切割法画正等轴测图

分析 由投影图可以看出该形体是一个长方体切割而成,先用正垂面在左上角切去一个三棱柱,再用正平面和水平面在长方体上前方切去四棱柱。可采用切割法进行作图。

作图

(1)画出长方体的正等轴测图,如图 4-21(b)所示。

(2)利用尺寸 l_1,由正垂面切去左上角三棱柱,如图 4-21(c)所示。

(3)利用尺寸 h_1 和 b_1,用水平面和正平面切去前面四棱柱,如图 4-21(d)所示。

(4)加深可见轮廓,擦去多余作图线,如图 4-21(e)所示。

例 4-5 根据图 4-22(a)所示组合体的三面投影图,画正等轴测图。

分析 由形体分析法可以看出，图 4-22(a)所示的组合体是由底板、竖板和三角肋叠加组合而成，根据其形体特点，可用组合法作图。

作图

(1)画底板。在适当位置按尺寸 l、b、h_1 画底板，如图 4-22(b)所示。

(2)画竖板。在底板的上方、后方(后面平齐)，按尺寸 b_1、h_2 画出竖板，如图 4-22(c)所示。

(3)画三角肋板。在底板和竖板的左右位置(左端面或右端面平齐)，按尺寸 l_1 各画一个三角肋板，如图 4-22(d)所示。

(4)擦去不可见轮廓和多余作图线，加深可见轮廓，完成作图，如图 4-22(e)所示。

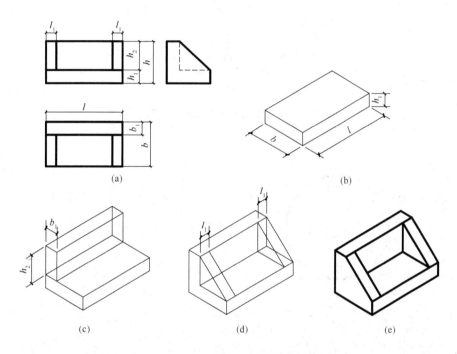

图 4-22 组合法画正等轴测图

2. 回转体的正等轴测图

(1)平行于坐标面的圆的正等轴测图。

形成正等轴测图的三个坐标面相对于轴测投影面都倾斜，所以平行坐标面的圆的轴测投影均为椭圆。而且坐标面和轴测投影面的倾角都相同，所以三个坐标面的椭圆的形状都相同，只是长短轴的方位不同。

作圆的正等轴测图时，先要清楚椭圆长短轴的方向。由图 4-23 可见，与圆外切的正方形的轴测投影为菱形，椭圆长轴的方向与菱形的长对角线重合，椭圆短轴的方向垂直于椭圆的长轴，即与菱形的短轴对角线重合。当圆所在平面平行于 XOY 面时，其轴测投影(椭圆)的长轴垂直于 OZ 轴，短轴与 OZ 轴平行或重合；当圆所在平面平行于 XOZ 面时，其轴测投影(椭圆)的长轴垂直于 OY 轴，短轴与 OY 轴平行或重合；当圆所在平面平行于 YOZ 面时，其轴测投影(椭圆)的长轴垂直于 OX 轴，短轴与 OX 轴平行或重合。

圆的正等测图中椭圆的画法，常采用四心扁圆法，即用四段圆弧近似地代替椭圆弧。如图4-24中平行于 XOY 坐标面的圆的轴测图，其作图方法与步骤如下。

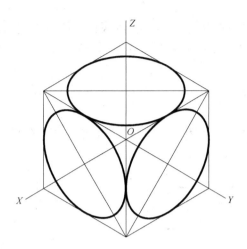

图 4-23　平行于坐标面的圆的正等轴测图

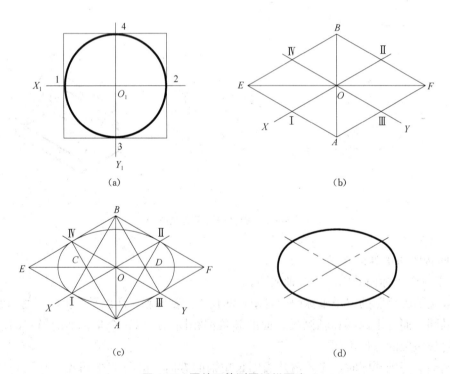

图 4-24　圆的正等测图近似画法

① 确定坐标原点，画出圆的外切正方形，标出与圆的切点1、2、3、4，如图 4-24(a) 所示。

② 画出轴测轴，按圆的外切正方形画出菱形，在轴测轴上作出正方形与圆的对应切点 Ⅰ、Ⅱ、Ⅲ、Ⅳ（取 $O\text{Ⅰ} = O\text{Ⅱ} = O\text{Ⅲ} = O\text{Ⅳ} = R$，$R$ 为圆的半径），过该四点分别作 X、Y 轴

的平行线得菱形 AEBF，如图 4-24(b)所示。

③ 连接 AⅡ 和 AⅣ 分别交长轴于 D、C 两点，则 A、B、C、D 即为大、小圆弧的四个圆心，如图 4-24(c)所示。

④ 分别以 A、B 为圆心，AⅡ、BⅠ 为半径画两大圆弧；再以 C、D 为圆心，CⅠ、DⅡ 为半径画两小圆弧，如图 4-24(c)所示。

⑤ 擦去多余图线，加深，即完成圆的正等轴测图，如图 4-24(d)所示。

平行于 XOZ 坐标面的圆和平行于 YOZ 坐标面的圆的正等测图的画法同上。

(2)常见回转体的正等轴测图。

圆柱正等轴测图的画法如图 4-25 所示。

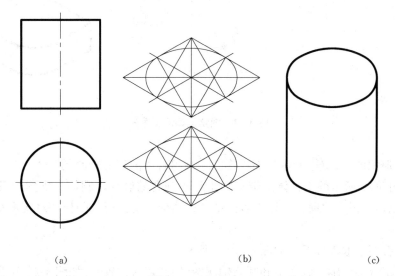

(a)　　　　　　　　　(b)　　　　　　　　　(c)

图 4-25　圆柱正等测图画法

圆台正等轴测图的画法如图 4-26 所示。

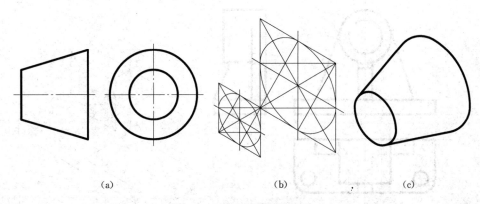

(a)　　　　　　　　　(b)　　　　　　　　　(c)

图 4-26　圆台正等测图画法

圆角正等轴测图的画法如图 4-27 所示。

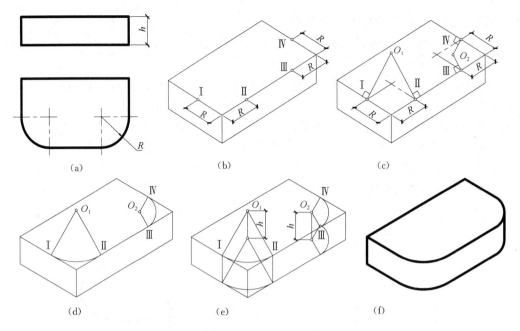

图 4-27 圆角正等测图画法

例 4-6 根据图 4-28(a)所示三面投影图,画组合体的正等轴测图。

分析 图 4-28 所示的组合体由带有圆角和小圆孔的底板、圆筒、支撑板及肋板四部分实体叠加而成,底板、圆桶、支撑板后面平齐;圆桶、支撑板、肋板相对底板左右对称。

作图

(1)在投影图上取坐标系,如图 4-28(a)所示。
(2)画出正等轴测轴,画底板和圆筒轴测图(注意相对位置),如图 4-28(b)所示。
(3)画支撑板、肋板及底板上圆角和小圆孔轴测图,如图 4-28(c)所示。
(4)擦去多余作图线,加深可见轮廓,即得组合体的轴测投影图,如图 4-28(d)所示。

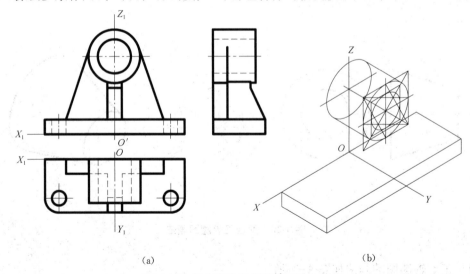

图 4-28 组合体的正等测图画法(一)

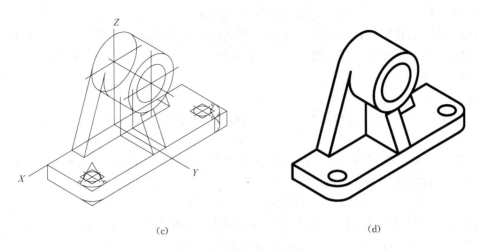

(c)   (d)

图 4-28 组合体的正等测图画法（二）

三、斜轴测图

在斜轴测投影中，以正面作为轴测投影面的称为正面斜轴测图，以水平面为轴测投影面的称为水平斜轴测图。

（一）正面斜轴测图

1. 轴间角和轴向伸缩系数

XOZ 坐标平面平行于轴测投影面时，轴测轴 OX、OZ 分别为水平方向和铅垂方向，其投影长度不变，即 X、Z 轴的轴向伸缩系数 $p=r=1$。Y 轴的轴向伸缩系数 $q=1/2$ 时，作出的图为斜二轴测图（简称斜二测）。轴间角 $\angle ZOX=90°$，$\angle XOY=\angle YOZ=135°$，如图 4-29 所示。

斜轴测图能反映正面实形，因此常用于画某一方向形状复杂或只有一个方向有圆的实体的轴测图。

2. 正面斜二测图的画法

(1) 圆的斜二测图法。图 4-30 所示为平行于坐标面的圆的斜二测投影。从图中可见，平行于 XOZ 坐标面的圆的投影仍为圆，而平行于其余两个坐标面的圆的投影为椭圆。

(2) 正面斜二测图画法举例。

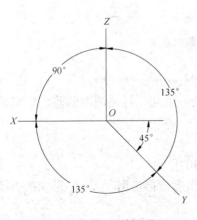
图 4-29 斜二测轴间角

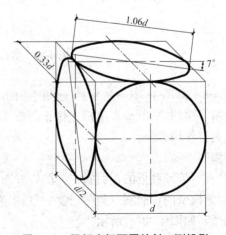
图 4-30 平行坐标面圆的斜二测投影

例 4-7　画图 4-31(a)所示组合体的正面斜二测图。

分析　图 4-31(a)所示组合体是圆柱和带圆角的棱柱叠加后，又挖切掉圆锥孔的组合体，组合体的左、右端面及孔口都是圆或圆弧和直线的组合。因此，将左、右端面平行于正面放置，作图很方便。

作图

(1) 在投影图上选定坐标轴及坐标原点（可根据投影图确定 Y 轴的方位），如图 4-31(a)所示。

(2) 作轴测轴，作小圆柱。定出小圆柱前、后两端面的圆心 O_1、O_0，画出小圆柱两端面的圆，并作两圆切线，如图 4-31(b)所示。

(3) 画四棱柱。注意四棱柱前端面中心即是小圆柱后端面中心，如图 4-31(c)所示。

(4) 画四棱柱上前、后两端面的圆角；前、后孔口，如图 4-31(d)所示。

(5) 擦去多余图线，加深可见轮廓，即完成带孔组合体的斜二轴测图。

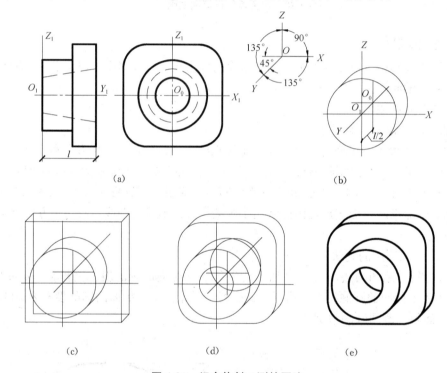

图 4-31　组合体斜二测的画法

例 4-8　画图 4-32(a)所示挡土墙的正面斜二测图。

分析　由图 4-32(a)看出挡土墙正面投影较复杂，因此，将轴测图的前、后端面平行于正面放置，作图方便。

作图

(1) 画竖墙和底板的正面斜二测图，如图 4-32(b)所示。

(2) 画扶壁的正面斜二测图（先画三角形底面的实形，再量出 $y_0/2$），完成挡土墙的正面斜二测图，如图 4-32(c)所示。

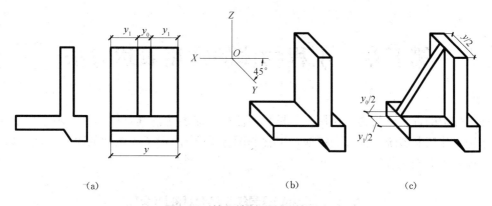

(a)   (b)   (c)

图 4-32　挡土墙斜二测图的画法

(二) 水平斜轴测图

以水平面为轴测投影面，使 XOY 坐标面平行于水平面，所得到的斜轴测图为水平斜轴测图。由于水平轴测图能反映形体水平面的实形，故常用于绘制建筑群的总平面效果图。

例 4-9　画图 4-33(a)所示建筑群的水平斜二测图。

作图

(1) 将建筑群的平面图旋转 30°(或 60°)。

(2) 过各转折点作铅垂线，使其等于建筑物高度的一半。

(3) 连接各相应点，加深可见轮廓线，即得建筑群的水平斜轴测图，如图 4-33(b)所示。

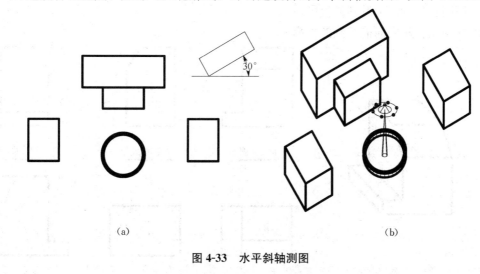

(a)   (b)

图 4-33　水平斜轴测图

第五章　工程物体的常用表达方法

在工程中的许多建筑物，仅用三面投影图往往不能表达清其具体形状。国家标准《技术制图》《房屋建筑制图统一标准》及《铁路工程制图标准》中规定了一系列的表达方法。以下仅介绍几种常用的表达方法。

5.1　六面投影图及镜像投影

一、六面投影图

在原有的三个投影面基础上，再增加三个投影面，将空间形体分别向六个投影面投影，如图 5-1(a)所示。得到六面投影图，如图 5-1(b)所示。六个投影图分别称为：

①正立面图：从前向后看到的投影。
②平面图：从上向下看到的投影。
③左侧立面图：从左向右看到的投影。
④右侧立面图：从右向左看到的投影。
⑤底面图：从下向上看到的投影。
⑥背立面图：从后向前看到的投影。

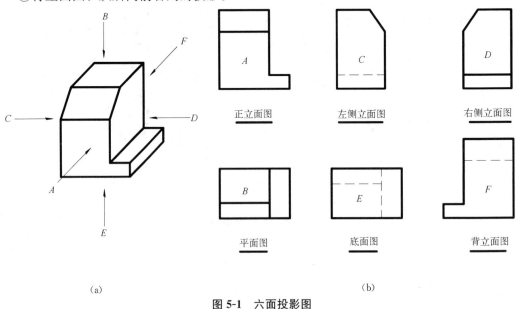

图 5-1　六面投影图

在建筑工程图中，如在同一张图纸上绘制若干个投影图时，各投影的位置宜按图 5-1(b)的顺序配置，也可按专业需要进行配置。

每个投影图一般均应标注图名，图名宜标注在投影图的下方或一侧，并在图名下用粗实线绘一条横线,其长度应以图名所占长度为准,如图5-1(b)所示。使用详图符号作图名时,符号下不再画线。

实际作图时,可根据物体表达的需要选择适当数量的投影图。

二、镜像投影

镜像投影是用镜像投影法所得到的投影,当某些工程的构造用第一角投影不易表达时,可用镜像投影法绘制。镜像投影法属于正投影法,是物体在镜面中的反射图形的正投影,该镜面应平行于相应的投影面,如图5-2(a)所示。绘制镜像投影时应按图5-2(b)所示的方法,在图名后注明"镜像"二字,或在图中画出镜像投影图的识别符号,如图5-2(c)所示。

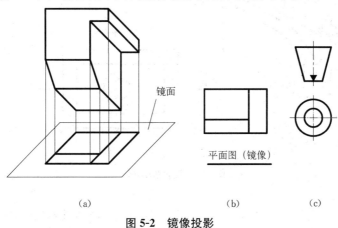

图 5-2 镜像投影

5.2 剖面图与断面图

一、剖面图

当建筑物(或构筑物)内部结构比较复杂时,投影图上会出现很多虚线,如图 5-3 所示箱形体,其内部结构在正面和侧面投影中虚线较多,给看图、画图及标注尺寸增加了困难。因此,常采用剖面图来表达内部结构形状。

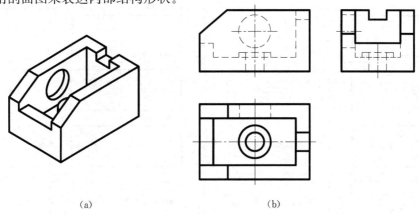

图 5-3 箱形体的投影图

(一)剖面图的基本概念

假想用剖切平面将物体剖开,移去观察者和剖切面之间的部分,将其余部分向平行于剖切面的投影面进行投影所得到的图形,称为剖面图,图 5-4 所示为箱形体的剖面图。在剖面图中,可以清楚地表达出箱体复杂的内部结构。

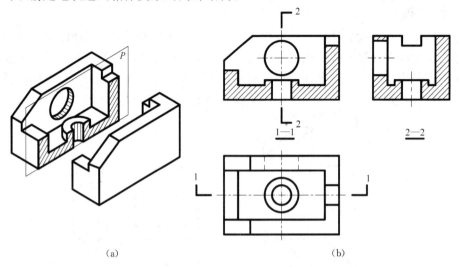

图 5-4　剖面图的概念

剖切面剖切到的实体部分称为断面,为了清楚地表达物体被剖切的情况,在断面上应画出相应的材料图例,表 5-1 所示为常用建筑材料图例。

表 5-1　常用建筑材料图例

图　例	名　称	图　例	名　称
	自然土壤		毛石
	夯实土		普通砖
	砂、灰土		金属
	混凝土		多孔材料
	钢筋混凝土		石材
	砂砾石、碎砖三合土		木材

(二)剖面图的画法及标注

(1)选定剖切平面的位置。用平面剖切时,可根据物体的形状特点,选用一个或多个平面。为了表达物体内部的实形,剖切平面的位置应通过物体的孔、洞、槽的轴线或对称面,并且平行某一投影面,如图5-4(a)所示,剖切面 P 平行 V 面,且通过结构的前后基本对称面。

(2)画出剖切面与物体表面的交线,即断面形状。被剖切面切到的部分,轮廓线用粗实线,如图5-4(b)所示。

(3)画出剖切面后方可见轮廓。剖切面没有切到但沿投射方向可以看到的部分用粗实线,不能遗漏,如图5-4(b)所示。

(4)根据物体的不同材料,在断面区域画上材料图例。图例中的斜线一律画成与水平成45°的细实线。若材料不确定时,用45°的细实线表示。

(5)剖面图上应标注剖切符号、编号和剖面图名称,如图5-4(b)所示。

剖切符号由剖切位置线和投射方向线组成,表明剖切位置和投射方向。剖切位置线长度为6~10 mm;投射方向线垂直于剖切位置线,长度为4~6 mm,均用粗实线绘制。剖切符号不宜与图面上任何图线接触,要保持适当的间隙。

剖切符号的编号采用阿拉伯数字,按从左到右、从上到下的顺序连续编号,标注在投射方向线的端部。

剖面图的名称用和编号相同的数字标注在相应剖面图的下方,绘制一段与图名等长的粗实线,如图5-4中的"1—1剖面""2—2剖面","剖面"二字也可以省略。

(6)画剖面图应注意的问题。

①由于剖面图是假想剖切,所以一个投影画成剖面图后,其他投影应按完整形状画出。

②对于已经表达清楚的结构,其虚线可省略不画。

③对机件的肋、轮辐、薄壁件或剖切面按纵向剖切时,这些结构都不画剖面符号,而用粗实线将其与相邻部分分开,如图5-8所示。

(三)剖面图的常用剖切方法

1. 用一个平面剖切

这种方法是最常用的剖切方法,如图5-4所示"1—1"剖面为正平面剖切,"2—2"剖面为侧平面剖切,均为用一个剖切平面剖切而得到的剖面图。

2. 用两个或两个以上平行平面剖切

当工程物体的内部结构处于几个相互平行的平面上时,可采用这种形式的剖切,图5-5(c)所示的孔和槽不都在一个平面内,所以用两个正平面分别通过孔或槽的中心轴线剖开物体,并将这两个剖切面的剖面图画在同一图上,这样便得到了如图5-5(a)所示的"1—1"剖面图。这样的剖面图称为阶梯剖面图,简称阶梯剖。

画阶梯剖时要注意:

(1)两个剖切面转折处的分界线投影不画,如图5-5(b)所示。

(2)阶梯剖必须标注。应在剖切位置线的起、讫和转折处画出剖切符号,加注相同的编号(转折处编号注在转角外侧),如图5-5(a)所示。

(3)剖切位置线的转折处不应与图上轮廓线重合和相交。

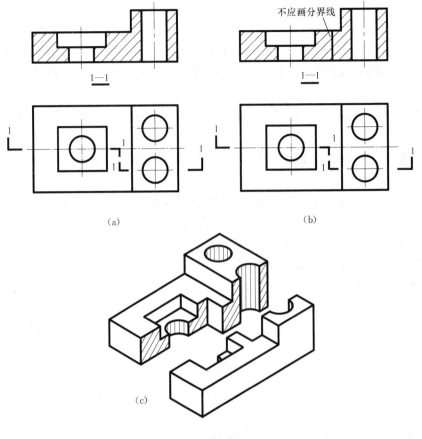

图 5-5 平行平面剖切

3. 两个或两个以上相交平面剖切

用两个相交剖切平面（交线垂直某一投影面）剖切物体，要把倾斜剖面剖开的结构，连同有关部分旋转到与选定的基本投影面平行，然后再进行投射，所得剖面图常称为旋转剖面图。此时的剖面图图名后应加注"展开"字样，如图 5-6 所示。

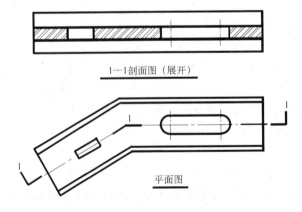

图 5-6 两相交剖切平面剖切

(四)剖面图的种类

按剖开形体的范围不同,剖面图可分为全剖面图、半剖面图和局部剖面图。

1. 全剖面图

用剖切面把形体完全切开后向某一投影面投影所得到的剖面图称全剖面图,简称全剖。如图5-7所示桥台的1—1剖面图即采用了全剖面图。对不对称的工程形体,或虽然对称但外形比较简单,或外形在其他投影中已表达清楚时可采用全剖面图。

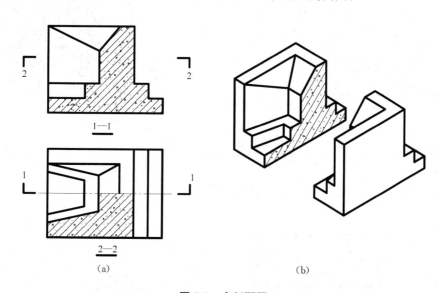

图5-7 全剖面图

2. 半剖面图

当形体具有对称面时,在垂直于对称面的投影面上的投影可以以对称中心线为界,一半画成剖面图;另一半画外形图,称为半剖面图,简称半剖,图5-8所示形体,正面投影图和侧面投影图均采用了半剖。

半剖面图与半个外形图应以点画线为界,剖面图部分一般画在竖直对称线的右侧[图5-8(a)中的1—1剖面图和2—2剖面图]或水平对称线的下侧[图5-7(a)中的2—2剖面图]。

由于形体的内部结构已经表达清楚,所以在表达外形的另一半投影图上不必画虚线。

3. 局部剖面图

只有局部的内部构造需要表达时,可采用局部剖面图(简称局剖),即用剖切面剖开形体局部得到的剖面图。多层结构常采用局部分层剖切。局部剖面图中剖开部分和未剖部分用波浪线分界。波浪线可理解为形体的断裂边界的投影。画图时注意波浪线不能与其他图线或是其他图线的延长线重合,不能穿孔槽而过,不能超出图形的最外轮廓。波浪线徒手画出。

局部剖的位置明显时,可以不标注。

图5-9所示为杯形基础的局部剖面图。水平投影中,在不影响外形表达的基础上,可用局部剖面图来表示内部钢筋的配置情况,如图5-9(a)所示。

图5-10所示为分层局部剖切的表示方法,是按结构的层次逐层用波浪线分开的。

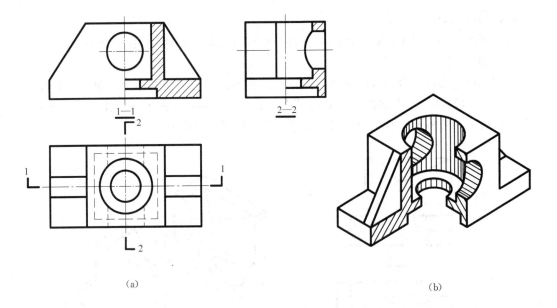

图 5-8　半剖面图

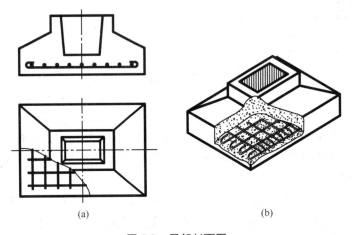

图 5-9　局部剖面图

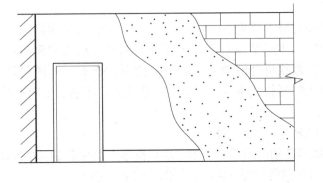

图 5-10　分层局部剖面图

二、断面图

1. 断面图的概念

假想用剖切平面将形体的某处切断,仅画出断面的图形,称为断面图,如图 5-11(a)所示钢筋混凝土梁,为了表达清楚梁的结构,除了用一个正面投影图外,还用了两个断面图,使其结构被清楚地表达出来,如图 5-11(b)中的 1—1 和 2—2 断面图。

断面图和剖面图的区别:断面图只画剖切平面剖切到的截面形状;剖面图除画出断面图形外,还要画出沿投射方向看到的部分,图 5-11(b)中的 2—2 和 3—3 分别为断面图和剖面图。

2. 断面图的标注

断面图需要标注剖切位置线(长 6～10 mm 的粗实线),表明剖切位置;用注写编号的位置表示投影方向,即编号所在一侧为断面的投影方向;断面图的名称用和编号相应的数字表示,如"×—×断面","断面"二字也可省略,名称下方加注一段和图名等长的粗实线,如图 5-11(b)所示。

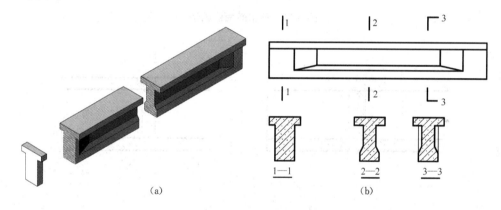

图 5-11 断面图与剖面图

3. 断面图的画法

(1) 移出断面。移出断面图一般画在投影图的轮廓外面,其轮廓线为粗实线。

杆件的断面图可画在靠近构件的一侧或端部,并按顺序依次排列,如图 5-12(a)所示;也可画在杆件的中断处,省去剖切符号标注,如图 5-12(b)所示。

(2) 重合断面。断面图直接画在投影图轮廓线内,即为重合断面。

重合断面的轮廓线一般为细实线。当断面轮廓和投影图轮廓重合时,投影图轮廓要连续画出,不能间断,如图 5-13 所示。当图形不对称时,需标出剖切位置线,并注写数字来表示投影方向,如图 5-13(b)所示。但在房屋建筑图中,在表达建筑立面装饰线脚时,其重合断面的轮廓用粗实线画出。

三、轴测图中的剖切

轴测图一般用两个平面沿着轴测轴方向剖切形体,以表达其内部结构。剖切平面应平行于坐标面,并通过形体的对称面、回转体的轴线等。

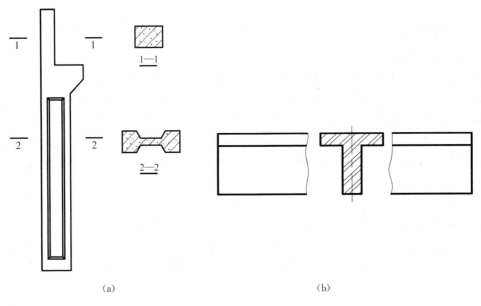

(a)   (b)

图 5-12 移出断面图画法

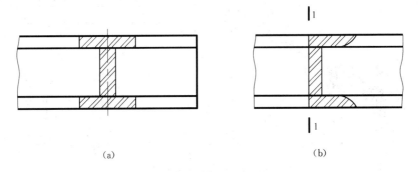

(a)   (b)

图 5-13 重合断面图画法

1. 轴测图中图例线方向

轴测剖切后断面上需画出图例线，图例线的方向如图 5-14 所示，图 5-14(a)为正等轴测图，按 $p=q=r=1$ 确定图例线方位；图 5-14(b)为斜二轴测图，按 $p=r=1$、$q=1/2$ 确定图例线方位。

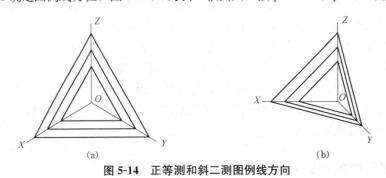

(a)   (b)

图 5-14 正等测和斜二测图例线方向

2. 轴测图剖切画法

画轴测图的剖切一般有两种方法。

一种是先画整体外形，然后画断面和内部看得见的结构，画法如图 5-15 所示。

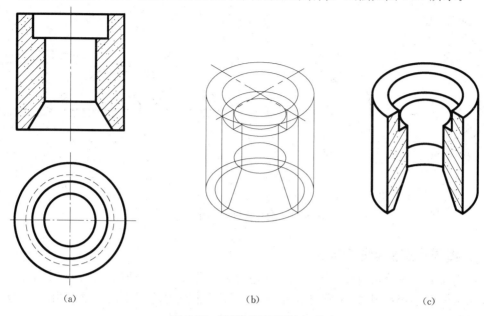

图 5-15　轴测剖面图画法（一）
(a)投影图；(b)画外形和断面形状；(c)轴测图

另一种方法是先画出断面形状，后画外部和内部可见结构，画法如图 5-16 所示。

如果剖切平面通过肋板或薄壁结构的对称面时，这些剖面区域规定不画剖面符号。但要用粗实线把它和邻接部分分开，也可以打些细点以示区别。

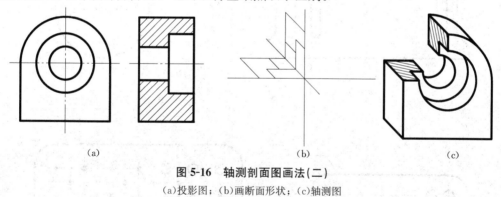

图 5-16　轴测剖面图画法（二）
(a)投影图；(b)画断面形状；(c)轴测图

5.3　简化画法及其他表达方法

一、对称图形的简化画法

当某一图形对称时，允许以中心线为界，只画出投影图的一半或 1/4，但应在对称中心线的两端画出对称符号，如图 5-17(a)所示。对称符号由两条平行线组成，其长度为 4~6 mm，间距为 2~3 mm。也可画略大于一半，稍超出其对称线，此时不画对称符号，如图 5-17(b)所示。

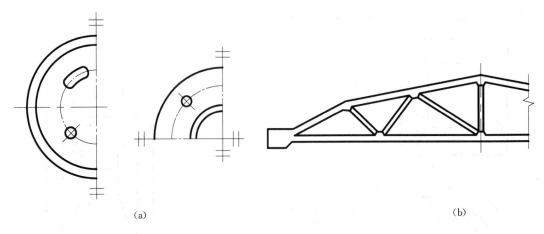

(a)　　　　　　　　　　　　　　　　(b)

图 5-17　对称图形的简化画法

二、相同构造要素的简化

形体内有多个完全相同且连续排列的构造要素，可仅在两端或适当位置画出几个完整形状，其余部分以中心线或中心线交点表示，并且要注明构造要素的个数，如图 5-18(a)、(b)、(c)所示。

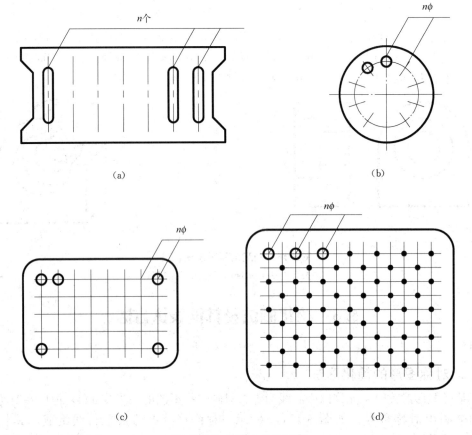

图 5-18　相同要素简化画法

如相同构造要素少于中心线交点，则其余部分应在相同要素位置的中心线交点处用小圆点表示，如图 5-18(d)所示，也要注明构造要素的个数。

三、大样图画法

当形体上某一局部结构较小，图形表达不够清楚或不便于标注尺寸时，可将这些局部结构用大于原图的比例单独画出，这种图形工程上称为大样图，大样图也叫详图。大样图可画成投影图、剖面图、断面图等。

大样图需要标注出被放大部位、名称及放大比例。在原图中用细实线圆圈出被放大部位并用引出线标注，如图 5-19 所示。大样图采用的比例是指图样的线性尺寸与实际形体相应线性尺寸之比，与原图比例无关，或用详图索引符号和详图符号标注被放大部位。

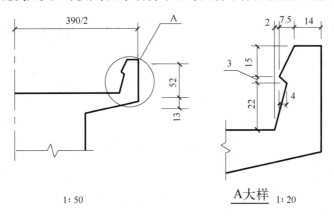

图 5-19 大样图

四、折断、连接和省略画法

图 5-20 表示折断画法。当形体较长，且沿长度方向形状相同或按一定规律变化时，可断开后缩短绘制，但尺寸按实际长度标注。

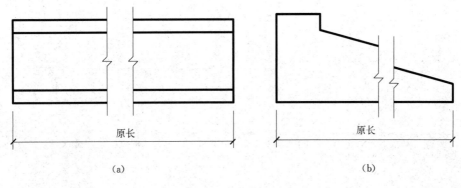

图 5-20 折断画法

图 5-21 表示连接画法。一个形体，如绘制位置不够，可分成几个部分绘制，并用连接符号表示相连。

图 5-22 表示局部不同时的画法。如果一个形体和另一形体仅有部分不同，该形体可以

只画不同部分，但两形体的相同部分与不同部分的分界线处，应分别绘制连接符号。

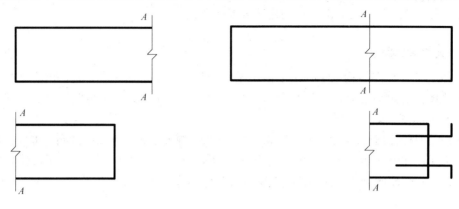

图 5-21　连接画法　　　　　　　　图 5-22　省略相同部分的画法

第六章 钢筋混凝土结构图

6.1 钢筋混凝土的基本知识

混凝土是由水泥、砂子、石子和水按一定比例配制后，经搅拌、成型和硬化而形成的一种建筑材料。混凝土按抗压强度划分为 14 个等级，分别为 C15、C20、C25、C30、C35、C40、C45、C50、C55、C60、C65、C70、C75、C80 等级。

混凝土抗压能力强，抗拉能力差，受拉后容易断裂。为了提高混凝土的抗拉性能，在混凝土中配置一定数量的钢筋，即形成了钢筋混凝土，钢筋混凝土由钢筋和混凝土来共同承受外力。

用钢筋混凝土制成的梁、板、柱、基础等构件，称为钢筋混凝土构件。如果是在施工现场浇制，称为现浇钢筋混凝土构件；如果是预先制作好后，运到工地安装，称为预制钢筋混凝土构件。还有些构件，制作时通过对钢筋张拉预加给构件受拉区的混凝土一定的压应力，用以减小或抵消构件受荷载时产生的拉应力，提高构件的抗裂性能，称为预应力钢筋混凝土构件；全部由钢筋混凝土承重的结构物，称为钢筋混凝土结构。

表示钢筋混凝土构件的图样称为钢筋混凝土结构图。钢筋混凝土结构图有两种：一种是外形图(又称模板图)，主要表明构件的形状和大小；另一种是钢筋布置图，主要表达钢筋在结构物中的配置情况。如果构件外形简单，则钢筋布置图已经可以表明其外形，不必另画外形图。

一、钢筋的分类及作用

配置在钢筋混凝土结构中的钢筋，按其在结构中的作用，可分为以下几种，如图 6-1 所示。

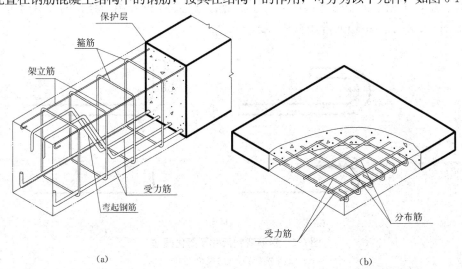

图 6-1 钢筋的种类
(a)梁中钢筋；(b)板中钢筋

(1)受力筋——承受构件内力的主要钢筋,主要布置在混凝土构件的受拉区。

(2)箍筋(钢箍)——用以承受剪力,主要用来固定受力筋的位置,多用于梁和柱内。

(3)架立筋——用来固定梁内钢箍的位置,构成钢筋的骨架。

(4)分布筋——固定受力筋的位置,将承受的力均匀地传给受力筋,用于板式钢筋混凝土构件中,与板中受力钢筋垂直布置。

(5)其他钢筋——按照构件构造或施工安装需要而配置的钢筋,如腰筋、预埋锚固筋及吊环等。

国产建筑用钢筋,按其强度不同分为不同的等级或品种,见表 6-1。

表 6-1 钢筋的种类和符号

钢筋的种类	符号	钢筋的种类		符号
HPB300 级钢筋	Φ	中强度预应力钢丝	光面	Φ^{PM}
HRB335 级钢筋	Φ		螺旋肋	Φ^{HM}
HRBF335 级钢筋	Φ^F	预应力螺纹钢筋		Φ^T
HRB400 级钢筋	Φ	消除应力钢丝	光面	Φ^P
HRBF400 级钢筋	Φ^F		螺旋肋	Φ^H
RRB400 级钢筋	Φ^R	钢绞线		Φ^S
HRB500 级钢筋	Φ			
HRBF500 级钢筋	Φ^F			

二、钢筋的弯钩和弯起

1. 钢筋的弯钩

为了增加钢筋和混凝土间的固结力,避免钢筋受拉时滑动,圆钢筋要在钢筋端部作成弯钩,图 6-2 所示为钢筋端部弯钩的两种常用形式;图中用双点画线表示所画弯钩在弯曲前的理论计算长度,可用于钢筋的下料计算。带肋钢筋与混凝土的黏结力强,两端有时可以不必加弯钩。图 6-3 所示为钢箍的常用弯钩形式。

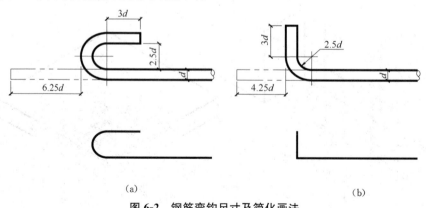

图 6-2 钢筋弯钩尺寸及简化画法
(a)半圆弯钩;(b)直角弯钩

2. 钢筋的弯起

钢筋混凝土梁受力后的最大拉应力位置是变化的,越靠近梁的端部,其最大拉应力位置越靠上。为了让受力钢筋始终处于最大拉应力位置,故将钢筋做45°弯起,如图 6-4 所示。图6-1(a)所示梁中的 4 根受拉筋有两根为弯起筋。

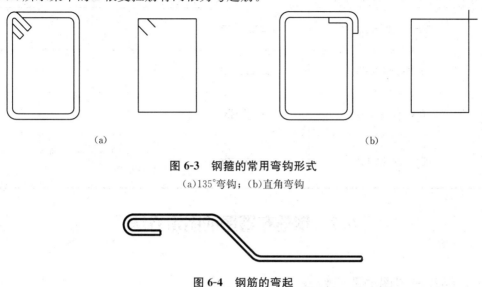

图 6-3　钢箍的常用弯钩形式
(a)135°弯钩；(b)直角弯钩

图 6-4　钢筋的弯起

三、钢筋的保护层

为了保护钢筋、防锈蚀、防火及加强钢筋与混凝土的黏结力,钢筋表面要有一定厚度的混凝土作为保护层(图 6-1)。保护层的厚度与构件的结构、混凝土的强度有关,一般梁和柱的最小厚度为 25 mm,板和墙的厚度为10～15 mm。在桥涵工程中,钢筋保护层的厚度要大一些,一般不小于 30 mm,也不大于50 mm；但板的高度小于 300 mm 时,保护层的厚度可减为 20 mm,箍筋保护层的厚度不小于 15 mm。

四、钢筋的表示法

钢筋的一般表示方法,应符合表 6-2 的规定。

表 6-2　一般钢筋表示方法

序号	名称	图例	说明
1	钢筋横断面	●	
2	无弯钩的钢筋端部		下图表示长、短钢筋投影重叠时,短钢筋的端部用 45°斜画线表示
3	带半圆形弯钩的钢筋端部		
4	带直钩的钢筋端部		
5	带丝扣的钢筋端部		
6	无弯钩的钢筋搭接		

续表

序号	名称	图例	说明
7	带半圆钩的钢筋搭接		
8	带直钩的钢筋搭接		
9	花篮螺丝钢筋接头	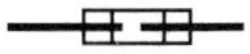	
10	机械连接的钢筋接头		用文字说明机械连接的方式(或冷挤压或锥螺纹等)

6.2 钢筋布置图的图示方法

一、钢筋布置图的图示特点

钢筋布置图(钢筋混凝土结构图或配筋图)一般由立面图、断面图、钢筋详图和钢筋表组成。其表达方法有如下特点。

(1)对于梁、柱等构件常用立面图和断面图表示,对于板型构件常用平面图和断面图来表示。图 6-5 所示为钢筋混凝土梁的钢筋布置图。

(2)画钢筋布置图时,在立面图和平面图中假想混凝土透明,断面图中不画材料图例。

(3)构件的外形轮廓用细实线画出。钢筋简化为单线,主要受力筋用粗实线表示,箍筋用中实线表示,剖到的钢筋圆截面画成黑圆点,未剖到的钢筋仍按规定的线型绘制。

(4)为了方便钢筋的下料加工,应画出各类钢筋的详图。详图一般与基本投影图对齐,同一编号的钢筋只需画一根详图。在详图中,要注明每种钢筋的类别、编号、根数、直径、各段长度、弯起角度及设计长度等,如图 6-5 所示。

二、钢筋编号

同一构件中,为了区别不同类别的钢筋,应为钢筋编号。编号与标注的方法是:

(1)编号次序可按钢筋的主次及直径的大小进行。直径大的写在前面,直径小的写在后面;受力筋写在前面,架立筋、箍筋等写在后面。

(2)编号的注写方法是:其编号用阿拉伯数字顺序编写,填写在直径为 6 的细实线圆中,并用引出线指引到所标注的钢筋上,编号注写在引出线的水平段上面或端部,如图6-6(a)所示;也可以在引出线上加注字母 N 来表示,如图 6-6(b)所示。在引出线上还需要注明钢筋的规格、根数及直径大小等。如是箍筋还要注明间距,如图 6-5 的④号箍筋布置尺寸"$\phi 8@200$"中的 200 为相邻两箍筋间的间距。

(3)对排列过密的钢筋也可以采用列表法表示,即将钢筋的编号注写在与之对应的细实线表格内,如图 6-6(c)所示。

(4)如果有几类钢筋投影重叠,可以将几类钢筋的编号并列标注,如图 6-6(d)所示。

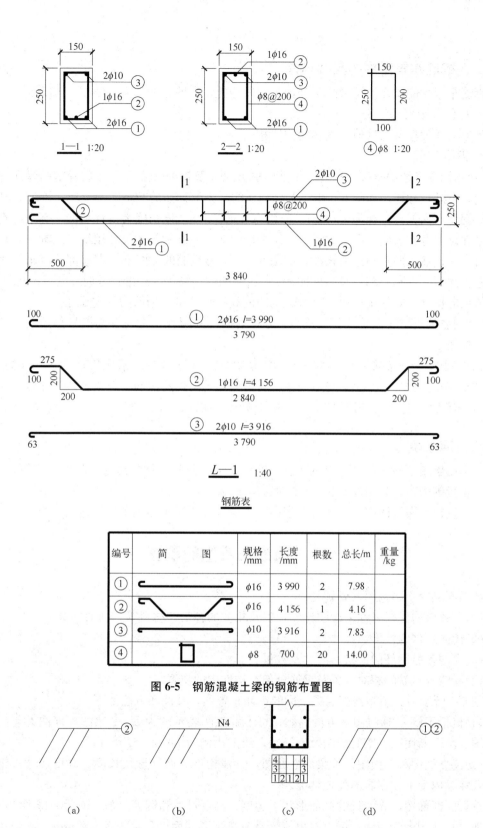

图 6-5 钢筋混凝土梁的钢筋布置图

图 6-6 钢筋编号的标注

三、钢筋布置图中的尺寸标注

钢筋布置图的尺寸注写形式与其他工程图相比,有明显的不同,如图6-5所示。

1. 构件外形尺寸注法

外形尺寸的注法与其他结构物的注法相同。

2. 钢筋尺寸注法

(1)在钢筋详图中直接注出各段钢筋的成型尺寸及钢筋长度,尺寸顺着钢筋写在各段钢筋旁边,不画尺寸线。如图6-5中,①号钢筋的详图上标注的"2ϕ16"和"L=3 990",其含义是该号钢筋有两根,直径为16 mm,全长为3 990 mm,该长度为设计长度,等于各直线段长度之和再加弯钩长度,即3 990=3 790+100×2;弯起钢筋的尺寸用细实线画一直角三角形进行标注,注出两直角边的长度,如图6-5中②号钢筋的详图上,弯起部分直角三角形的直角边上注写水平距离和弯起高度均为200;钢筋弯钩如果为标准尺寸时,可以不标注。

箍筋的尺寸一般注里皮尺寸,弯起钢筋的高度尺寸是指钢筋的外皮尺寸。

(2)钢筋的规格、数量、直径及均匀分布的钢筋间距等,常与钢筋编号集中在一起,用引出线标注。

(3)对于规律分布的钢筋,如图6-5中④号钢筋"ϕ8@200",表示直径为8 mm的钢筋,每隔200 mm放一个,@为等间距符号。同类型、同间距的箍筋一般只画几个即可。

(4)钢筋的尺寸单位如果是"mm",图中不必说明。

四、钢筋表

为了便于施工备料,要列出钢筋表。钢筋表主要包括钢筋的编号、规格、简图、长度、根数及重量等内容,如图6-5中L—1梁的钢筋表。

此外,钢筋布置图中一般还有文字说明,以补充说明不能用图形表达的内容。

6.3 钢筋布置图的识读

读钢筋混凝土结构图的要领是:

(1)了解该构件的名称、绘图比例,以及相关的施工、材料等方面的要求。
(2)读懂构件的外形、尺寸。
(3)弄清各号钢筋的形状、尺寸及数量。
(4)弄清各钢筋的相对位置及钢筋骨架在构件中的位置。

图6-7所示为一预制钢筋混凝土梁的钢筋布置图,其读图方法如下。

(1)概括了解。通过图下方的名称,可了解该图表示的为L—2梁的配筋图,包括一个立面图、两个断面图、钢筋详图及钢筋表,绘图比例为1∶40。

(2)读立面图和断面图。读梁的立面图,弄清构件立面外形及长度、高度尺寸;钢筋的形状及在梁内上下、左右的配置情况。

读梁的断面图,弄清梁的截面形状、宽度、高度尺寸和钢筋上下、前后的排列情况。

通过立面图和断面图,可以看出该梁是一根矩形截面梁,全长5 200 mm,宽380 mm,高450 mm。

(3)配筋情况。将立面图、1—1 和 2—2 断面图及钢筋详图结合起来识读,可以看出其配筋情况。

受力筋:由 2—2 断面图可知,该梁配有 5 根 HRB335 级钢筋作为受力筋,其中 2 根①号配置在梁下面的前后位置;2 根②号、1 根③号,②、③号钢筋是向上弯起的,弯起角度为 45°。5 根受力筋的直径均为 16 mm。

架立筋:梁上边缘的前后位置有 2 根④号 HPB300 级钢筋是架立筋,直径为 10 mm。

箍筋:⑤号钢筋是箍筋。从其标注"$\phi6@300$"可以看出,箍筋是直径为 6 mm 的 HPB300 级钢筋,沿梁长均匀分布,每隔 300 mm 放置一个。

在立面图下方画出了每种钢筋的详图,在钢筋详图中注明了每种钢筋的编号、根数、直径、各段长度、全长及弯起位置等。如①号钢筋下面的数字 5 140 表示该钢筋从一端到另一端的计算长度,等于梁的总长减去两端保护层的厚度;钢筋上面的数字 $l=5\ 340$,表示该钢筋的下料长度。②、③号钢筋的弯起角度用直角三角形的两直角边的长度(390,390)表示。

最后,通过钢筋表进一步了解每种类型钢筋的根数、总长及重量等内容,还可以通过说明了解图形没有表达清楚的内容。

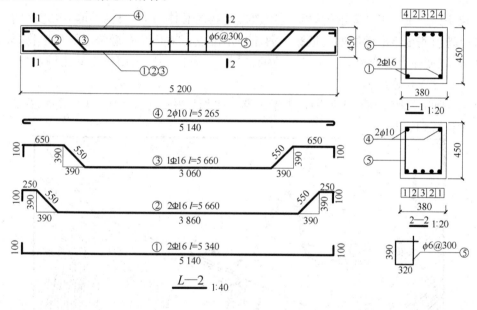

图 6-7 读梁的钢筋布置图

第七章 桥梁工程图

当路线要跨越河流、山谷或道路交叉时,为保持道路畅通,需要架设桥梁。桥梁工程图是桥梁建设不可缺少的技术依托。桥梁工程图包括全桥布置图、桥墩图、桥台图及桥跨结构图。这些图样除了采用前面讲授的图示方法外,根据其构造形式的不同,其图示方式和尺寸注法都有些不同的特点。

桥梁包括上部建筑、下部建筑和附属建筑。上部建筑是指梁和桥面;梁以下部分为下部建筑,它包括两岸连接路基的桥台和中间的支撑桥墩;附属建筑物则包括桥头锥体护坡及导流堤等。

7.1 桥位平面图

桥位平面图主要用来表示桥梁和周围地形地物的总体布局、桥梁和路线连接的平面位置。通过地形测量绘出桥位处的道路、河流、水准点、钻孔及附近的地形和地物(如房屋、老桥等),以便作为设计桥梁、施工定位的依据。这种图一般采用较小的比例,如 1∶500、1∶1 000、1∶2 000 等。

图 7-1 所示的桥梁桥位平面图,表示出路线平面形状、地形和地物,以及钻孔、里程、水准点的位置和数据。

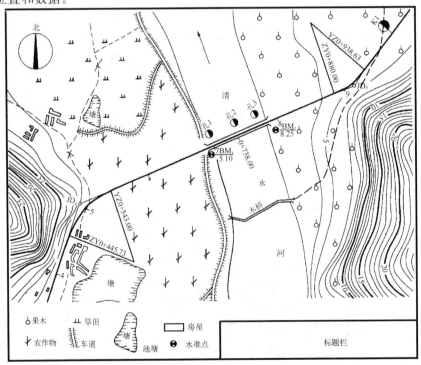

图 7-1 桥位平面图

图 7-1 中桥位处的西南和东南处地势相对较高,为山坡地形。中间地段平缓,清水河从中间流过,河水流向为从东南向西北。河岸有农田、池塘、果园、车道、房屋等地物。图中粗实线表示铁路线路中心线。由图可知,该桥位于直线段上,中心里程为 0+738.00。桥梁两侧各有一水准点,表示了桥梁所在位置的高程。孔 1、孔 2 和孔 3 为桥墩的钻孔桩号。

7.2 全桥布置图

全桥布置图主要表明桥梁的形式、跨径、孔数、总体尺寸、各主要构件的相互位置关系、桥梁各部分的标高及总的技术说明等,是桥梁施工时确定墩台位置、构件安装和标高控制的依据。全桥布置图由立面图和平面图组成。

如图 7-2 所示,为一总长度为 97.8 m,中心里程为 DK20+50.45 的 3 孔的全桥布置图。

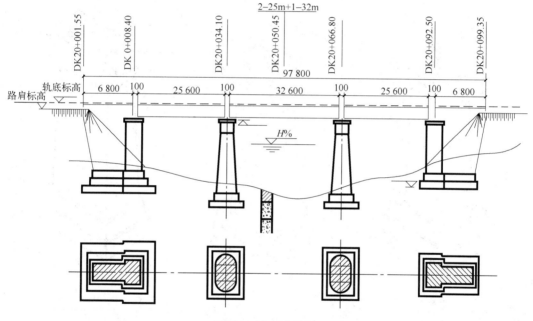

图 7-2 全桥布置图

立面图是按垂直于线路方向,向桥孔投影而得到的,反映了全桥的总体特征及各组成部分,如梁的跨度、桥墩及基础等情况。从图中可以看出,该桥为 3 孔桥,全长为 97.8 m,其中两孔的梁长是 25.6 m,中间孔的梁长度为 32.6 m。

立面图中标出了中心里程、主要部位的标高,如桥墩中心、台尾路肩、轨底标高等。其中,$H\%$ 是按平均百年一遇的最高洪水水位而设定的设计水位。

平面图是用水平面沿每个墩台的墩身与基础顶结合处剖切而得到的基顶剖面图,反映出该桥桥台为重力式 T 形桥台,桥墩为圆端形桥墩,墩台基础采用了明挖扩大基础。

在两桥墩之间钻有一地质孔,并画出了该孔的地质柱状图,通过地质柱状图可以看出,地层的土质变化及每层的深度等地质情况,还可以知道该桥墩台基础所处的土层位置。由柱状图可见,该桥墩处于圆砾石土壤层。

7.3 桥 墩 图

桥墩属于桥梁的下部结构，起中间支撑作用，是桥梁中部的重要承重构件，其作用是将上部结构传来的荷载可靠而有效地传给基础。桥墩按墩身断面形状的不同，有圆端形桥墩[如图7-3(a)所示]、圆形桥墩[如图7-3(b)所示]、矩形桥墩[如图7-3(c)所示]及尖端形桥墩等。

桥墩的构造包括基础、墩身和墩帽，如图7-3(a)所示。基础在桥墩底部，一般埋在地下，常采用的有明挖扩大基础、沉井基础及桩基础等。中间的墩身是桥墩的主体，顶部小、底部大。墩帽在桥墩的上部，包括顶帽和托盘。顶帽的顶部有排水坡，排水坡上有两块支撑垫石，用来放置桥梁支座。

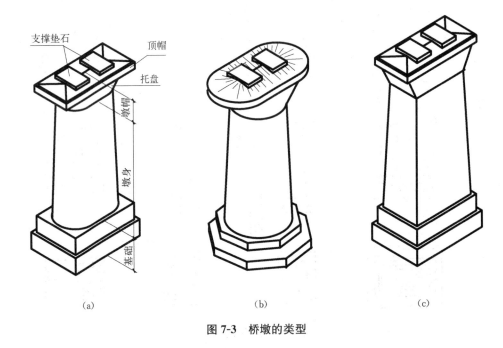

图 7-3 桥墩的类型

一、桥墩的表达方法

桥墩图包括桥墩总图、墩帽构造图及墩帽钢筋布置图等。

1. 桥墩总图

桥墩总图主要表达桥墩的总体构造、各部分尺寸及所用材料等。图7-4所示为圆端形桥墩总图，该图采用了三个基本投影图，即正面图、平面图和侧面图。

正面图是桥墩顺着线路方向投影而得到的，表达的是桥墩的外形，基础、墩身及墩帽之间的组成关系及各部分所用的材料。

平面图采用了半剖面图的表达方法，剖切位置在墩身顶面和托盘分界处。左半部分表达水平投影方向的外形及尺寸，右半部分表达墩身顶面、底面及基础的平面形状和尺寸。

侧面图垂直于线路的方向投影而得到，主要表达桥墩的侧面形状和尺寸。

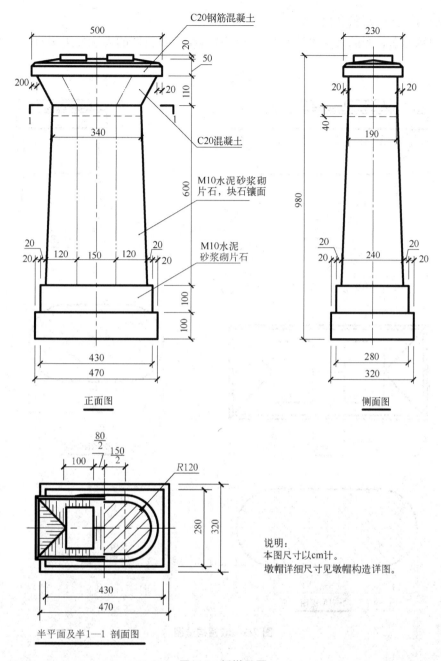

图 7-4 桥墩总图

2. 墩帽构造图

由于墩帽的结构尺寸比较多，而桥墩总图的比例又比较小，所以在总图中墩帽构造的尺寸和托盘的形状没有完全表达出来，因此用墩帽构造图来弥补桥墩总图的不足，图 7-5 所示为墩帽构造图。

墩帽的构造图采用了 5 个投影图，其中 3 个为基本投影，即正面图、侧面图和平面图，表达的是墩帽的外形和尺寸，采用了折断画法；两个断面图，即 1—1 断面和 2—2 断面表达托盘的顶面与底面的形状和尺寸。

墩帽的钢筋布置图的表达方法与第六章钢筋混凝土布置图的表达方法相同。

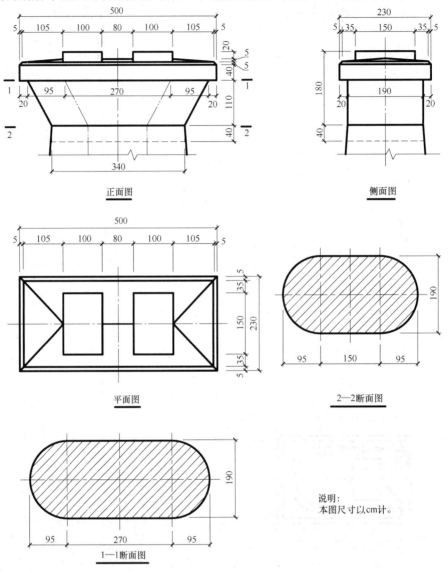

图 7-5　墩帽构造图

二、识读桥墩图

桥墩的识读是以组合体的读图为基础。现以图 7-4、图 7-5 所示桥墩总图和墩帽构造图为例，介绍识读桥墩图的方法步骤。

(1)读标题栏和文字说明。从标题栏里了解桥墩的名称、绘图比例等，从说明里可以了解图形尺寸单位、材料及施工技术要求等。由图 7-4 可知，该桥墩为圆端形，尺寸单位为厘米；顶帽材料为 C20 钢筋混凝土，托盘材料为 C20 混凝土，墩身材料为 M10 水泥砂浆砌片石、块石镶面，基础材料为 M10 水泥砂浆砌片石。

(2)表达方案分析。图 7-4 所示的桥墩总图用了 3 个基本投影图，即正面图、半平面及半 1—1 剖面图和侧面图。图 7-5 所示的墩帽构造图用了 5 个投影图，3 个基本投影，分别为正面图、平面图和侧面图；两个断面图，即 1—1 断面和 2—2 断面，在正面图中可以找到剖切位置。

(3)用形体分析法进行深入分析。用形体分析法，按照投影规律，读懂桥墩由几个基本体组成以及各基本体之间的连接关系。由图 7-4 可见：

基础分两层，前后、左右对称放置，根据给出的长、宽、高三个方向的尺寸，即可想象出基础的形状和大小，如图 7-6(a)所示。

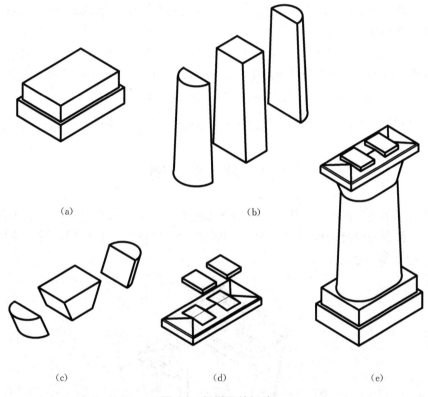

图 7-6　桥墩图的识读

墩身的形状，根据图 7-4 中的半平面半 1—1 剖面图及正面和侧面图，再结合尺寸标注可以看出，顶面和底面都是圆端形，所以墩身由中间四棱柱、两侧的半圆台组合而成，如图 7-6(b)所示。

墩帽形状和尺寸可由图 7-5 所示的墩帽结构图来进行分析。墩帽分为托盘和顶帽两部分。

图 7-5 中 1—1 断面和 2—2 断面表达了托盘上下底面的形状和尺寸，两端都是圆端形，且上下底面圆端半径相同，由此可分析出，托盘中间是四棱柱、两端为半斜圆柱的组合体，如图 7-6(c)所示。

顶帽下部为长方体，长方体的上部有 50 mm 的抹角，顶帽上部有高为 50 mm 的排水坡，排水坡顶部有两块矩形垫石，由此分析出顶帽的形状，如图 7-6(d)所示。

(4)综合以上分析，想象出桥墩的整体形状，如图 7-6(e)所示。

三、桥墩图的习惯画法与尺寸标注特点

(1)桥墩图中平面与曲面的分界线用细双点画线表示,不同材料的分界线用虚线表示,如图7-4、图7-5所示。

(2)大体积混凝土断面材料图例习惯上用45°细实线代替,但要在图中注明或说明各部分材料,避免和其他材料混淆。

(3)为了方便看图,桥墩图(桥台及混凝土梁图等工程图)中的尺寸允许重复,即在一个投影图上可以将各部分尺寸注全。如图7-4所示的桥墩总图中,其平面图和侧面图上分别标注了基础的长度和宽度尺寸。

(4)为了满足加工和安装模板以及施工放线的需要,桥墩图的细部尺寸一般都直接注出,如图7-5的墩帽构造图中顶帽和托盘悬出的尺寸为20 cm,图7-4中桥墩平面与曲面的分界线尺寸为150 cm,两层基础间、基础和墩身间伸出的尺寸为20 cm等。

(5)半剖面图中对称的尺寸,可用$\frac{B}{2}$的形式标出,如图7-4中的尺寸$\frac{150}{2}$、$\frac{80}{2}$等。

7.4 桥 台 图

桥台是桥梁两端重要的承重构件,同时还承受路基填土的水平推力,保证与桥台相连的路基的稳定。桥台按台身断面形状分为T形桥台、U形桥台、矩形桥台及十字形桥台等,图7-7所示为T形桥台。

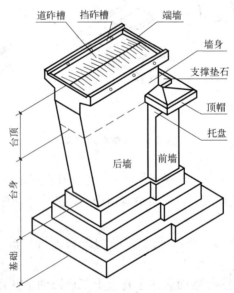

图7-7 T形桥台的构造

一、桥台的构造

桥台虽然形式不同,但其构造和功用都相同。如图7-7所示的T形桥台,其组成有基础、台身和台顶。

基础：位于桥台的最下面。图 7-7 表示的基础为明挖扩大基础，有三层，由尺寸不等的 T 形柱状体叠加而成。

台身：介于基础和台顶之间，由前墙、后墙及托盘组成。

台顶：位于桥台的上部，由顶帽、墙身及道砟槽组成。顶帽在前墙托盘之上并和后墙相嵌，其上面有两块支撑垫石；墙身在后墙上面；用来容纳道砟并铺设铁轨的部分为道砟槽，道砟槽位于桥台的最上面。道砟槽前后有端墙，两侧有挡砟墙，砟槽内底面有坡度，内设防水层，并在挡砟墙下部设有泄水管，如图 7-8 所示。

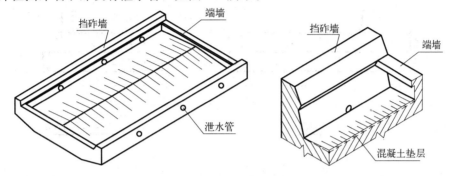

图 7-8 道砟槽的构造

二、桥台的表达方法

桥台的表达一般要有桥台总图、台顶构造图和台顶钢筋布置图。

1. 桥台总图

桥台总图主要表达桥台的总体构造、各部尺寸、桥台各组成部分之间的相对位置关系，桥台与路基及锥体护坡间的关系，并且要说明各组成部分所用材料。

图 7-9 所示为 T 形桥台总图，分别为侧面图（桥台侧面向 V 面投影）、半平面半基顶剖面图和半正面半背面图。

在桥台图中，习惯上把桥台垂直线路方向的一侧称为侧面；顺着线路，面向前墙的方向为正面，反向为背面。因此，桥台的投影图分别为：

侧面图：即将桥台的侧面向 V 面投影，所以也称为侧面图。侧面图中反映了桥台的形体特征、各组成部分相对位置关系、桥台与线路、路基及锥体护坡之间的关系。

半正面半背面图：由桥台的半个正面半个背面投影组成，称为半正面半背面图。其投影是沿线路中心线的方向向桥台正面和背面进行投影而得到的图形。由于桥台沿线路中心线方向是对称的，所以常常以线路中心的对称面为界，一半画成正面图，一半画成背面图，同时表达了桥台正面和背面的形状和尺寸。

平面图：平面图采用了半剖面图的表达方法，剖切位置在基础和台身的分界面，因此也称为半平面半基顶剖面图。半平面图主要表达道砟槽和顶帽的平面形状和尺寸，半基顶剖面图主要表达台身的截面形状和基础的平面形状及尺寸。

2. 台顶构造图

由于台顶的构造比较复杂，尺寸也比较多，须用台顶构造图来详细表达和说明台顶各组成部分的形状和尺寸，图 7-10 所示为台顶构造图。

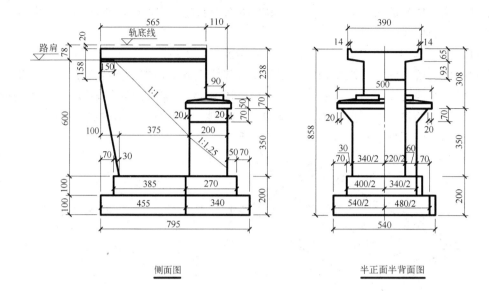

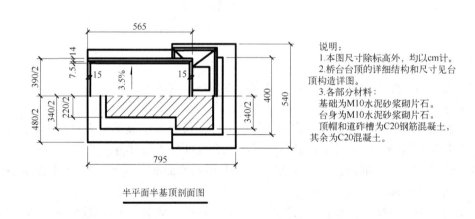

图 7-9 桥台总图

台顶的构造图采用了5个投影图，其中3个基本投影，即1—1剖面图、2—2剖面图和平面图；两个详图（大样图）进行局部结构放大，如图7-10中的详图③和详图④。

1—1剖面图：沿线路中心纵向对称面剖切得到的图形，主要表达道砟槽内部构造、排水管位置、混凝土垫层厚度及顶帽部分的细部结构和尺寸。

2—2剖面图：是半剖面图，由半个正面图和半个剖面图组成。半个正面图表达了台顶、顶帽及道砟槽正面的形状和尺寸，半个剖面图表达了道砟槽内部构造情况。

平面图：主要表达道砟槽和顶帽的平面形状和尺寸，槽底的坡度及顶帽支撑垫石的位置和尺寸。

详图：详图③主要表达端墙截面的形状和尺寸，详图④主要表达挡砟墙的截面形状和尺寸，详图中还表达了道砟槽底的防水层。

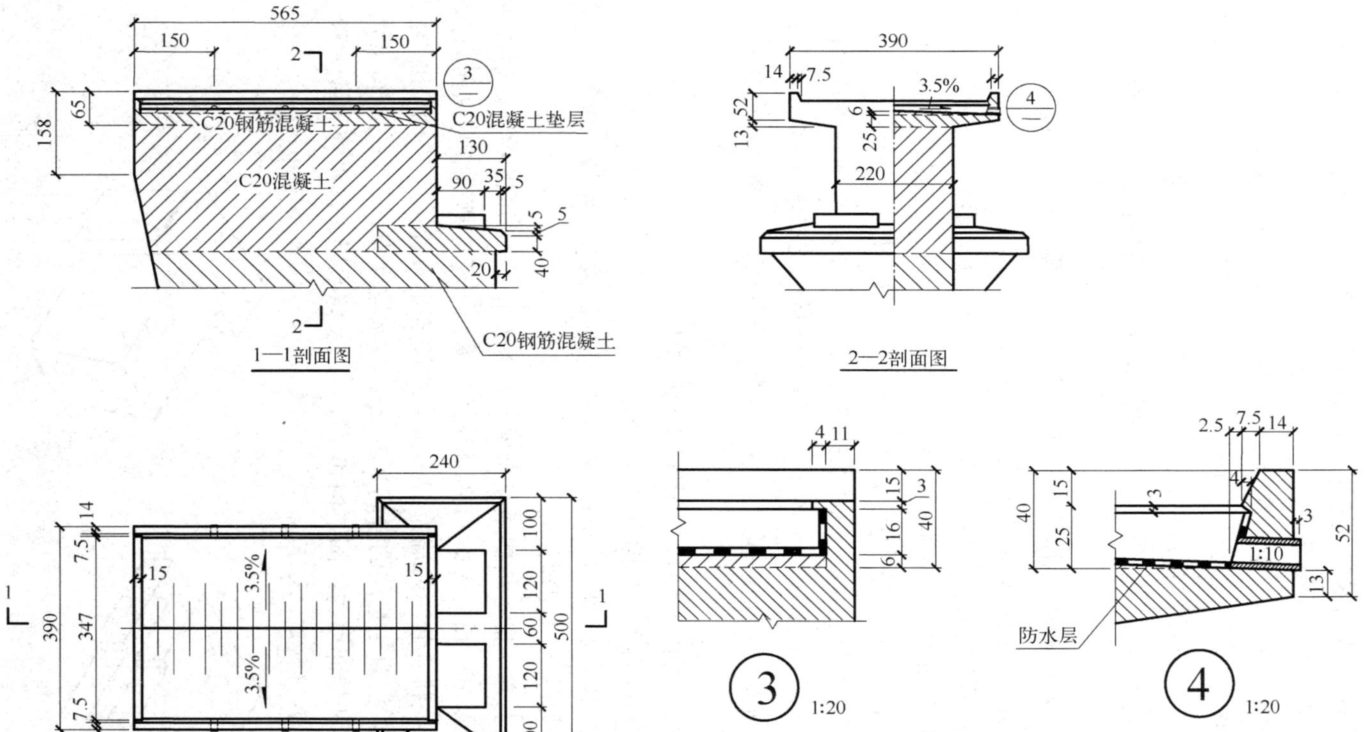

图7-10 台面构造图

三、识读桥台图

现以图 7-9、图 7-10 所示桥台总图和台顶构造图为例,介绍识读桥台图的方法步骤。

(1)读标题栏和文字说明。从标题栏里了解桥台的名称、绘图比例等,从说明里可以了解图形尺寸单位、材料及施工技术要求等。

(2)表达方案分析。先看 V 面投影图,然后看用了几个图形,用了什么表达方法,每个图的投影方向及剖切平面的位置等。图 7-9 所示的桥台总图用了侧面图、半平面半基顶剖面图、半正面半背面图。图 7-10 所示的台顶构造图用了 5 个投影图,分别为 1—1 剖面图、平面图、2—2 剖面图;详图③和详图④,并在 1—1 剖面图和 2—2 剖面图中,分别用索引符号标出了详图所表达的部位。

(3)用形体分析法进行深入分析。用形体分析法,按照三面投影规律,读懂桥台有几个基本组成部分及各组成部分之间的相对位置关系。

基础:从侧面图和半平面图半基顶剖面图可以看出,基础为 T 形柱状,分上、下两层,每层层高为 100 cm。前后对称布置,左右相对位置可由两定位尺寸 70 cm 确定。根据给出的长、宽、高 3 个方向的尺寸,即可想象出基础的形状和大小,如图 7-11(a)所示。

台身:位于桥台中部的台身由前墙、后墙及托盘组成。应分部分分别看懂其形状、尺寸及相互位置关系。前墙为 200 cm×340 cm×(350−70)cm 的长方体和上端托盘叠加组成,托盘是高为 70 cm、宽分别为 340 cm、500−2×20=460 cm,长为 200 cm 的等腰梯形柱。形状如图 7-11(b)所示。

台顶:由图 7-10 可知,台顶由墙身、顶帽和道砟槽组成。

墙身是在后墙的上方延续后墙,如图 7-11(c)所示。

顶帽在托盘上方,长 240 cm,宽 500 cm,高 50 cm。顶面做有排水坡、抹角,上有支撑垫石,并嵌入墙身,形状如图 7-11(d)所示。

道砟槽位于桥台的最上方,也是结构最复杂的部分。从图 7-10 可以看出,道砟槽的总体尺寸为 565 cm×390 cm×65 cm。从 1—1 剖面图可以看出,道砟槽沿墙身纵向内部结构,挡砟墙内下部设有排水管,排水管两端距 150 cm,中间等距布置;从 2—2 剖面图可以看出,道砟槽槽底厚 25 cm,混凝土垫层的脊高为 6 cm,排水坡度为 3.5%;从详图③、详图④上可以看出挡砟槽端墙和挡砟墙的细部结构和尺寸,以及防水层、排水管的做法等。挡砟槽及细部结构的形状如图 7-11(e)、(f)所示。

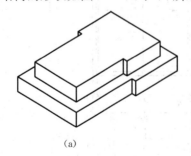   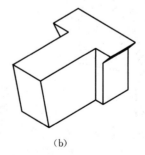

(a)   (b)

图 7-11 桥台图的识读(一)

(a)基础;(b)前墙和后墙

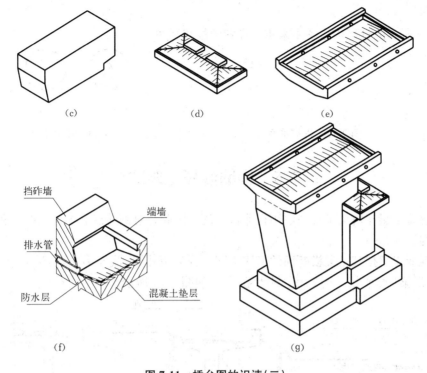

图 7-11　桥台图的识读(二)
(c)墙身；(d)顶帽；(e)道砟槽；(f)道砟槽细部结构；(g)桥台整体

(4)综合想象出桥台的整体形状，如图 7-11(g)所示。对材料的要求可以从桥台总图7-9说明中了解。

(5)从桥台总图上的长虚线上标注的轨底标高可以看出桥台与线路的位置关系；通过路肩标高及尺寸78 cm和150 cm，可以看出台尾嵌入路基及埋入的深度；1∶1和1∶1.25表示的是锥体护坡与台身交线的坡度。在桥台总图上，还常常表达出台顶与道砟、轨枕的位置关系。

综合以上分析，对桥台的整体结构、大小以及其与其他构筑物的关系等有一个整体的认识和了解。

四、详图标注

详图即大样图。为了便于看图，常采用详图符号和详图索引符号标注详图，详图符号标在详图的下方；详图索引符号画在需要画出详图的位置附近，并用引出线引出。

索引符号：由直径为 8 mm～10 mm 的圆和水平直径组成，圆、水平直径及引出线均用细实线绘制，标注在被索引部分旁边，索引符号画法如图 7-12(a)所示。图 7-12(b)表示详图与被索引的图样在同一张图纸上；图 7-12(c)表示详图与被索引的图样不在一张图纸上，此时可在索引符号内画一水平直径，上半圆注明详图编号，下半圆注明被索引图纸的图纸号；图 7-12(d)表示详图采用标准图，J103为标准图册的编号。

详图符号：详图的位置和编号用详图符号表示，详图符号用直径为 14 mm 的粗实线圆绘制，详图符号内用阿拉伯数字注明详图编号，如图 7-13(a)所示；详图与索引的图样不在一张图内时的表示方法，如图 7-13(b)所示，上半圆注明详图编号，下半圆注明被索引的图纸的图纸号。

图 7-10 所示的台顶构造图中采用了详图画法和标注。

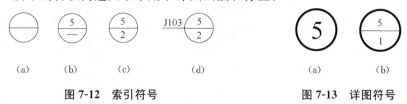

图 7-12 索引符号　　　　　　　　图 7-13 详图符号

7.5 钢筋混凝土梁图

钢筋混凝土梁在桥梁工程中应用得非常广泛。因此，对钢筋混凝土梁的图示和识读方法应有所掌握。

钢筋混凝土梁按其主梁横断面的形式不同，分为板式梁（截面为矩形）、T 形梁（截面为 T 形）和箱形梁（截面为一个或几个封闭箱形），如图 7-14 所示。

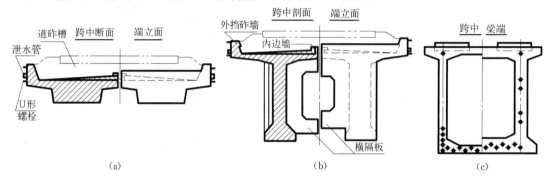

图 7-14 钢筋混凝土梁的形式
(a)板式梁；(b)T 形梁；(c)箱形梁

一、钢筋混凝土梁的表达方法

图 7-15 所示为铁路桥梁常用的钢筋混凝土梁，其常用的表达方法如下。

1. 正面图

正面图是按梁的长度（即与沿线路垂直）方向进行投影而得到的投影图。由于梁的长度方向左右对称，所以在正面投影上采用了半正面图和半 2—2 剖面图的组合投影，剖切面位置在两片梁的纵向对称面上，分别表达了梁正面外侧与内侧的结构形状和尺寸、泄水管位置和尺寸、U 形螺栓的位置及轨底标高等。

2. 平面图

平面图采用了半平面图和半 3—3 剖面图的组合投影。半平面图主要表达道砟槽的平面形状，两片梁之间纵向铺设的钢筋混凝土盖板的形状和位置；半 3—3 剖面图表达了梁平面方向的断面形状、尺寸和梁的材料。

3. 侧面图

侧面图采用了 1—1 剖面图和端立面图的组合投影，1—1 剖面图反映了梁的横断面形状和尺寸、两片梁之间的前后位置关系。用双点画线假想地表示了道砟、枕木及钢轨垫板的位置，反映出梁和周围物体间的位置关系。

4. 详图

梁的道砟槽的端边墙、内边墙及外边墙的结构及尺寸相对较小，在概图中表达不清，所以采用了局部放大的画法，用详图分别表达出这几部分的结构和尺寸。

二、识读钢筋混凝土梁图

下面以图 7-15 为例，说明识读钢筋混凝土梁图的方法步骤。

1. 概括了解

先从标题栏和说明中了解梁的名称、种类、主要技术指标、图样比例、尺寸单位及施工技术要求等。由标题栏中可知，该梁为道砟桥面钢筋混凝土梁，跨度为 6 m，绘图比例为 1∶20。由梁的名称，可以了解到该梁顶部有道砟槽。

2. 表达方案分析

图 7-15 所示梁的概图用了三个基本投影图，由于结构的对称性，均采用了半剖面图的表达方法。为了表达梁的细部结构，采用了三处局部放大，即用了三个详图，①为端边墙详图、②为内边墙详图、③为挡砟墙详图，分别用索引符号标出了被放大的部位。

3. 整体构造分析

根据三个基本投影图及投影关系很容易看出，该主梁的总体结构是截面为 T 形的板式构件，梁的总长为 6 500 mm，梁高为 700 mm。梁的上部有道砟槽，道砟槽的端边墙和挡砟墙的外形、尺寸通过 2—2 剖面图、端立面图可以看出，还可以通过 1—1 剖面图看出挡砟墙和内边墙的结构形状。

4. 详图分析

挡砟槽的构造比较复杂，所以用详图进一步表达了在三个基本投影中没有表达清楚的部分。从 2—2 剖面图和端边墙详图①可知，端边墙顶面尺寸为 150 mm，端边墙厚度为 120 mm；由 1—1 剖面图和内边墙详图②可知，内边墙的顶面尺寸为 100 mm，内边墙厚度为 70 mm；由 1—1 剖面图和挡砟墙详图③可以看出，挡砟墙端面方向的结构形状和尺寸。由此可见，端边墙、内边墙和挡砟墙的顶面高度不同，其结合处的构造及梁端形状如图7-16所示。

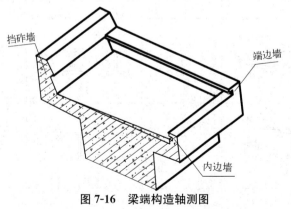

图 7-16　梁端构造轴测图

5. 读工程数量表

工程数量表中给出了一孔梁和一片梁梁体各部分使用的材料及数量，为工程施工和备料提供依据。

三、钢筋布置图

图 7-17 所示为主梁的钢筋布置图，梁内有 21 种类型的钢筋，其中 N1～N7 为梁内主筋（受力筋），N34 为架立筋，N21 为腹板箍筋。此外，还有道砟槽的挡砟墙、槽板悬臂、内边墙等处的钢筋，各类钢筋的形状和尺寸见钢筋数量表。其图示方法与前述第六章的钢筋结构图相同，但识读时要注意各剖面的剖切位置及钢筋的数量计算。详细内容，读者可自行分析。

7.6 钢梁结构图

钢结构是由各种类型的型钢经焊接、铆接或螺栓连接等组合连接而形成的结构。表示钢结构的图样称为钢结构图。桁钢梁是钢结构中一种常用结构物，本节以钢桁梁为例，介绍钢结构图的图示内容、结构特点及表达方法。

一、钢结构中型钢的连接方法

型钢由钢厂按标准规格轧制而成。表 7-1 为常用型钢的代号及标注方法。

表 7-1 型钢表示符号及标注

名称	立体图	符号	标注	说明
等边角钢	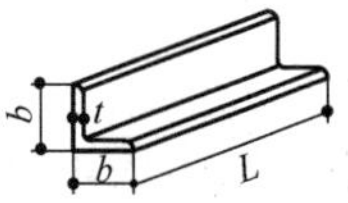	∟	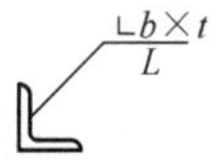 $\dfrac{\llcorner b \times t}{L}$	b 为肢宽 t 为肢厚
不等边角钢	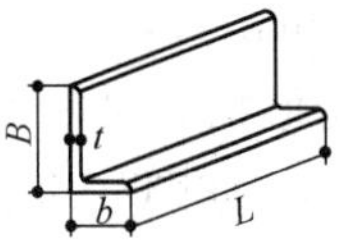	∟	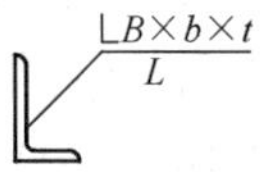 $\dfrac{\llcorner B \times b \times t}{L}$	B 为长肢宽 b 为短肢宽 t 为肢厚
工字钢	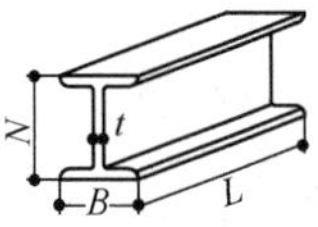	I	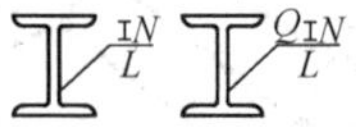 $\dfrac{IN}{L}$ $\dfrac{Q_tN}{L}$	轻型工字钢加注 Q 字母
槽钢	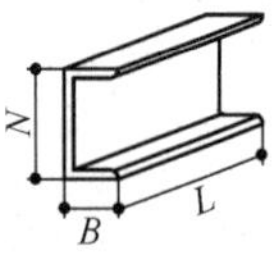	⊏	 $\dfrac{\sqsubset N}{L}$ $\dfrac{Q_t N}{L}$	轻型槽钢加注 Q 字母
钢板	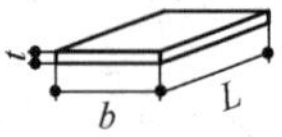	—	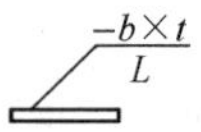 $\dfrac{-b \times t}{L}$	$\dfrac{宽 \times 厚}{板长}$

钢结构中型钢的连接方法一般有三种，即焊接、铆接和螺栓连接。

(一)焊接

焊接是两种或两种以上钢材(同种或异种)通过加热、加压或两者并用使其熔化，来达到原子之间结合而形成的永久性连接。焊接是钢结构中应用最广泛的一种连接方法。

1. 焊接的接头形式

常见的焊接接头有对接接头、搭接接头、T形接头、角接头，如图7-18所示。

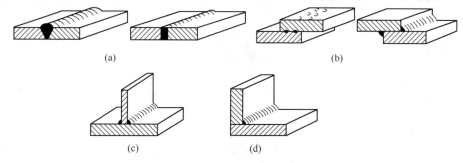

图 7-18 焊接接头形式

(a)对接；(b)搭接；(c)T形接；(d)角接

2. 焊缝形式及规定画法

两型钢焊接后，在连接处形成焊缝，由于设计时对连接有不同要求，因此产生不同的焊缝形式。常用的焊缝形式有：I形焊缝、V形焊缝、角焊缝、塞焊缝等。

在焊接的钢结构图中，一般都不画焊缝的形式，而是采用国家标准规定的焊缝符号来表示坡口形状、尺寸大小及焊接工艺方法等。完整的焊缝符号包括基本符号、指引线、补充符号及数据等，如图7-19所示。

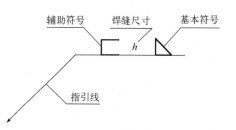

图 7-19 焊缝符号

(1)基本符号。焊缝的基本符号用来说明焊缝横截面的基本形状或特征。常见的基本符号见表7-2。

表 7-2 常见焊缝的基本符号

名　　称	焊缝形式	基本符号
I形焊缝		‖
V形焊缝		V
单边V形焊缝		V

续表

名　称	焊缝形式	基本符号
带钝边 V 形焊缝		Y
带钝边 U 形焊缝		Y
角焊缝		△
塞焊缝或槽焊缝		⊓
点焊缝		○

(2)指引线。指引线由箭头线和基准线(实线和虚线)组成，如图 7-20 所示。箭头线的箭头直接指向焊缝，必要时允许弯折一次。基准线一般应与图样的底边平行，必要时也可以与底边垂直，实线和虚线的位置可根据需要互换。基准线的上面和下面用来标注各种符号和尺寸等。

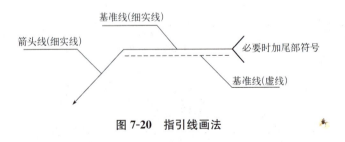

图 7-20　指引线画法

(3)补充符号。表 7-3 给出了补充符号，用来补充说明有关焊缝或接头的某些特征(诸如表面形状、衬垫、焊缝分布、施焊地点等)。

表 7-3 补充符号

名 称	符 号	说 明
平 面	─	焊缝表面通常经过加工后平整
凹 面	⌣	焊缝表面凹陷
凸 面	⌢	焊缝表面凸起
圆滑过渡	⌄⌄	焊趾处过渡圆滑
永久衬垫	[M]	衬垫永久保留
临时衬垫	[MR]	衬垫在焊接完成后拆除
三面焊缝	⊏	三面带有焊缝
周围焊缝	○	沿着工件周边施焊的焊缝标注位置为基准线与箭头线的交点处
现场焊缝	▸	现场焊接的焊缝
尾 部	<	可以表示所需的信息

(4)基本符号相对于基准线的位置。基本符号在实线侧时，表示焊缝在箭头侧，如图 7-21(a)所示；基本符号在虚线侧时，表示焊缝在非箭头侧，如图 7-21(b)所示；对称焊缝允许省略虚线，如图 7-21(c)所示；在明确焊缝分布位置的情况下，有些双面焊缝也可以省略虚线，如图 7-21(d)所示。

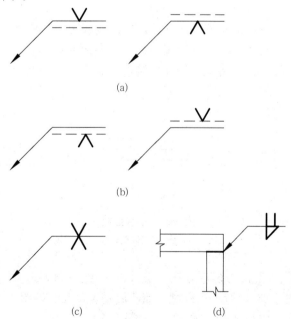

图 7-21 基本符号与基准线的相对位置
(a)焊缝在接头的箭头侧；(b)焊缝在接头的非箭头侧；
(c)对称焊缝；(d)双面焊缝

(5)焊缝的标注。焊缝的标注方法见表 7-4。

表 7-4 焊缝的标注示例

焊缝名称	焊缝形式	标注方法	焊缝名称	焊缝形式	标注方法
Ⅰ形焊缝			三个或三个以上焊件应分别标注		
塞焊缝			现场沿工件周围施焊		
角焊缝			双面角焊缝		

为了简化标注，在图样上标注焊缝时通常只采用基本符号和指引线，其他内容一般在有关的文件中（如焊接工艺规程等）明确说明。

（二）铆接

用铆钉将两个或两个以上钢制零件或钢结构件连接成为一个整体的方法，称为铆接。铆接所用的铆钉形式按铆钉头的形状，分半圆头、平锥头、沉头、半沉头等种类。铆接的形式按结构构造，可分为对接连接、搭接连接和角接连接等，如图 7-22 所示。

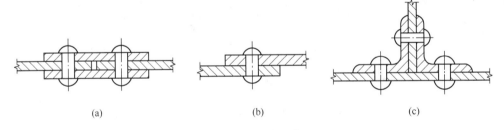

图 7-22 铆接形式
(a)对接连接；(b)搭接连接；(c)角接连接

图 7-23 所示为半圆头铆钉的铆接方法。铆接时，先在被铆接的型钢或钢板上钻出比铆钉直径稍大的孔，如图 7-23(a)所示；将铆钉加热后塞入钉孔，如图 7-23(b)所示；利用铆钉枪将钉身镦粗填满钉孔并将另一端打成钉头，如图 7-23(c)所示。

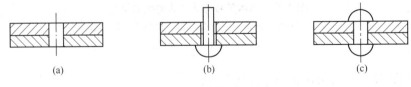

图 7-23 铆接方法

在钢结构中，铆钉是按规定的图例表示的。

(三) 螺栓连接

焊接和铆接都属于不可拆连接，螺栓连接是属于可拆卸的连接。即在被连接的型钢上钻出比螺栓直径稍大的孔后，将螺杆插入，垫上垫圈后拧紧螺母，将型钢连接起来。

表 7-5 列出了常用螺栓、孔和电焊铆钉的图例。

表 7-5　螺栓、孔、电焊铆钉表示方法

序号	名　称	图　例	说　明
1	永久螺栓		
2	高强度螺栓		
3	安装螺栓		1. 细"+"线表示定位线 2. M 表示螺栓型号 3. ϕ 表示螺栓孔直径 4. d 表示膨胀螺栓、电焊铆钉直径 5. 采用引出线标注螺栓时，横线上标注螺栓规格，横线下标注螺栓孔直径
4	胀锚螺栓		
5	圆形螺栓孔		
6	长圆形螺栓孔		
7	电焊铆钉		

二、钢梁结构图

钢梁常用于大、中跨度的桥梁中。图 7-24 所示为下承式栓焊简支钢桁梁。钢桁梁的组成有主桁、桥面、桥面系、联结系和支座五个部分。

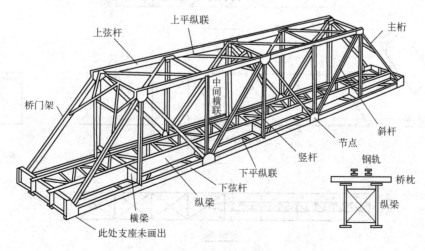

图 7-24　下承式栓焊梁

主桁是钢桁梁的主要承重结构，由上弦杆、下弦杆、腹杆及节点组成。倾斜的腹杆称为斜杆，竖直的腹杆称为竖杆。杆件交汇的地方称为节点，用节点板及高强度螺栓连接各主桁杆件。

桥面是供车辆和行人行走的部分(未画出)。

桥面系由纵梁、横梁及纵梁间的联结系组成。

联结系分纵向联结系(上部水平纵向联结系和下部水平纵向联结系)和横向联结系(分桥门架和中横联)。

(一)钢梁结构图的表达方法

钢梁结构图一般包括设计轮廓图、节点图、杆件图和零件图。

1. 设计轮廓图

设计轮廓图是整个钢梁的示意图，一般只画出各杆件的中心线。如图 7-25 所示为跨度 64 m 的下承式栓焊梁的设计轮廓图，它由五个图形组成。

(1)主桁。主桁图是主桁架的正面图。主桁图中表示出前后两片主桁架的总体构造形式和大小、各杆件的相互位置关系及断面形状、各连接节点的位置及代号。虚线表示两端桥门架和中间横联所在的位置。

(2)上平纵联。上平纵联图是上平纵联的平面图，一般画在主桁正面图的上面。表示出桁梁上部水平纵向联结系的结构形式和大小、各杆的断面形状。

(3)下平纵联。下平纵联图是下平纵联的平面图，一般画在主桁正面图的下面。表示出桁梁下部水平纵向联结系的结构形式和大小、各杆的断面形状。图形的左半部还表示出了桥面系的结构形式及纵梁间距 2 000 mm。

(4)横联。横联图是中间横联的侧面图，通常画在主桁图的两侧，本图画在主桁图的右侧。横联图表示出前后两片主桁间的连接形式。

(5)桥门架。桥门架图是按垂直于桥门平面方向投影而得到的图形，可以反映出桥门架的实形。通常，按投影关系画在桥门架一侧的合适位置。

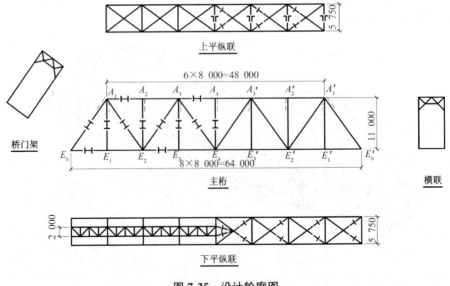

图 7-25 设计轮廓图

2. 节点图

节点图是表示节点详细构造的图形。图 7-26 所示的是跨度为 64 m 的下承式栓焊梁 E_2 节点的构造图。节点 E_2 是两块节点板(D_4)用高强度螺栓将主桁中的两根下弦杆(E_0—E_2、E_2—E_4)和三根腹杆(一根竖杆 E_2—A_2、两根斜杆 E_2—A_1、E_2—A_3)连接起来。在前面的节点板下面有一块下平纵联节点板(L_{11}),用来连接下平纵联的两根水平斜杆(L_2、L_3)。在下弦杆的内侧上、下还设置了拼接板(P_5),用以拼接两根下弦杆。由于两根下弦杆的厚度不同,故拼接时需在(E_0—E_2)内侧加设填板 B_6。在连接横梁时,由于横梁的高度大于节点板的高度,故在节点板的上面加一块厚度与节点板相同的填板 B_9,用来填充空隙。

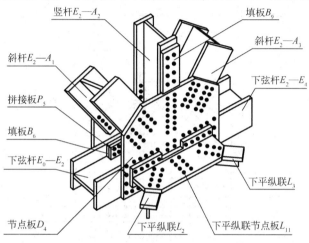

图 7-26 E_2 节点构造图

图 7-27 所示为下承式栓焊梁 E_2 节点图,包括主桁简图、节点详图。其表达方法有以下几个特点:

(1)在节点图的上方用较小的比例(如 1∶1 000)画出主桁简图,用来表达主桁的形式、总体尺寸,并用圆圈标出所取节点在整个桁架中的位置。

(2)节点详图包括正面图、平面图及各杆的断面图。节点的构造比较复杂,所以用较大的比例(如 1∶10 或 1∶20)画出。

正面图是假想观察者站在两片主桁之间面对该节点而绘制,主要表达了各杆之间的连接情况。各杆沿杆纵向长度不变,所以均采用了折断画法;为了避免遮挡,下平纵联的两根水平斜杆未画出,只画出了下平纵联的节点板,是采用了拆卸画法,假想拆去了下平纵联的两根水平斜杆 L_2 和 L_3,仅画出了下平纵联节点板。

平面图中也采用了拆卸画法,是把竖杆 A_2—E_2 和斜杆 A_1—E_2、A_3—E_2 拆去后画出的。平面图中表明了两根下弦杆、下弦杆竖板内侧的四块拼接板 P_5、E_0—E_2 下弦杆竖板和拼接板之间的四块填板 B_6 之间的位置关系,并将填板画上与水平成 45°角的均布的细实线,来表达填板的位置。图中还表达出了下平纵联的两根水平斜杆与主桁架之间的连接关系,还表示出了下弦杆上的两个泄水孔。

断面图画在正面图中各杆对称轴线上,一般不画材料图例。断面图表达出各杆件的断面形状、大小、组合形式及连接方法。

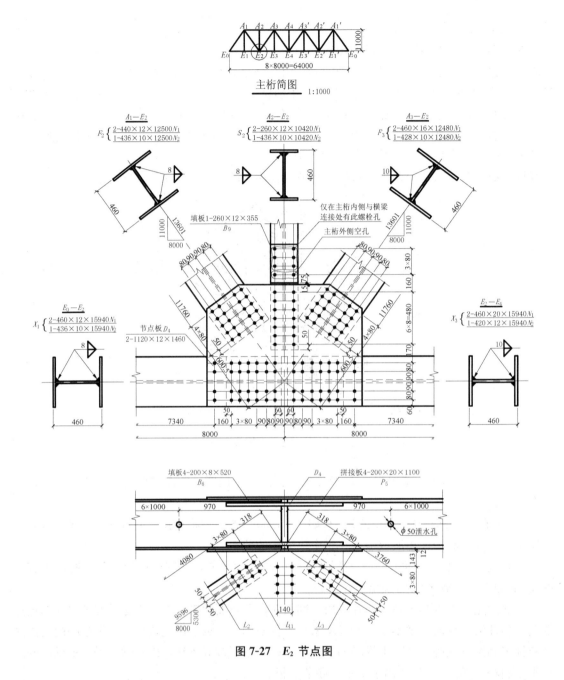

图 7-27 E_2 节点图

(3)节点图中的连接螺栓或螺栓孔用黑圆点表示。

(4)尺寸标注。节点图上一般应标注三种尺寸。

第一种是注出反映各杆件或零件大小的尺寸。这类尺寸一般注写在各杆件断面图旁或注写在零件的引出线上,如斜杆 $A_1—E_2$ 的标注,在断面图旁标注有 $\dfrac{2-440\times12\times12\,500N_1}{1-436\times10\times12\,500N_2}$,表示这一杆件是由两块编号为 N_1,宽440、厚12、长12 500的钢板和一块编号为 N_2,宽436、厚10、长12 500的钢板,焊接而成;节点板 D_4 是用引出线引出标注,如 $\dfrac{节点板\,D4}{2-1\,120\times12\times1\,460}$ 表示编号为 D_4 的

146

节点板有两块,其备料尺寸为 1 120×12×1 460(未切掉左右两角的矩形板尺寸)。

第二种尺寸用来确定螺栓和孔洞位置。这类尺寸和一般尺寸注法相同。

第三种尺寸是确定斜杆位置的尺寸。一般用画在斜杆对称轴线上的直角三角形标出,用来确定杆件的斜度。如 A_1—E_2 杆的对称中心线上的三角形,斜边尺寸为 13 601,直角边尺寸为 8 000 和 11 000,分别表示相应节点间的距离。杆件端部尺寸表示斜杆端部至第一排螺栓中心的距离。

3. 杆件图和零件图

表示钢梁中某一杆件或零件的结构形状及大小图样,此杆件称为杆件图或零件图。

图 7-28 所示为下弦杆 E_0—E_2 杆件图。由于杆件断面形状不变,在正面图和平面图中采用了长机件折断画法。正面图中表达了该杆连接螺栓的分布情况。平面图中表示出七个泄水孔的位置和尺寸。

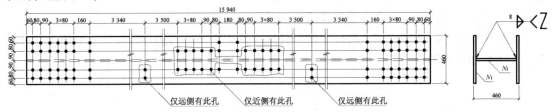

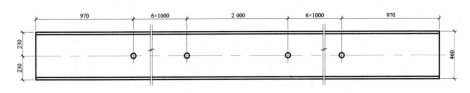

图 7-28　E_0—E_2 杆件图

(二)识读钢梁结构图

先读设计轮廓图。从图 7-25 中可以看出该钢梁的总体形状、各组成部分的结构形式、尺寸大小、各杆件的断面形状、主桁架的节点数及代号等。桁架总长为 64 000 mm,总宽为 5 750 mm,总高为 11 000 mm。

再读节点详图。以 E_2 节点详图为例,如图 7-27 所示。对照正面图、平面图及断面图,看节点 E_2 的各个杆件及各种板的连接关系、各杆位置及各杆件的截面形状及尺寸。

由正面图和说明可以看出,下弦杆 E_0—E_2、E_2—E_4,竖杆 A_2—E_2,斜杆 A_1—E_2、A_3—E_2,由节点板拼接板,利用高强度螺栓连接在一起。两下弦杆在节点处对接的端部间隙为 60 mm。每根下弦杆上有 6 个间隔为 1 000 mm 的均布泄水孔,距对接的端部定位尺寸为 970 mm。两根斜杆的方位由杆件轴线上的直角三角形的标注可以看出,位置由杆件轴线上第一排螺栓距各杆中心线交点的尺寸 600.5 mm 确定。直杆的位置由直杆最下排螺栓中心至下弦杆竖板上边缘尺寸 170 mm 确定。对照平面图,可以看出正面图上拆去了下平纵联的两根水平斜杆后下平纵联节点板的正面形状。

在平面图上可以看出,拆去竖杆和斜杆后,节点板、拼接板、填板的前后位置关系。从平面图上可以看出,下弦杆前后两块节点板 D_4 前后、左右对称布置,在正面图上可以看出板的形状。两根下弦杆的竖板内侧有四块矩形拼接板 P_5，由正面图的虚线框可以看出上、下两块板，由平面图可以看出前、后两块板，用来连接 E_0—E_2、E_2—E_4。下弦杆 E_0—E_2 和拼接板 P_5 之间有四块填板 B_6，在正面图（虚线框）和平面图上可以看出上下、前后位置。从正面图上可以看出，节点板上面有一块填板 B_9，从标注上可以看出厚度与节点板相同。在平面图上，还可以看出两根下弦杆上有直径为 $\phi50$ 的泄水孔。

从节点板、拼接板及填板的引出标注中，可以知道各板的尺寸大小。如填板 B_6 的尺寸为 $4-200\times8\times520$，表示四块填板，每块填板宽 200 mm、厚 8 mm、长 520 mm。

从截面图上可以看出，各杆都是焊接而成的工字形截面，通过旁注尺寸可知各杆截面大小及杆的长度，如下弦杆 E_0—E_2 由两块竖板 $2-460\times12\times15\ 940N_1$ 和一块横板 $1-436\times10\times15\ 940N_2$ 焊接而成。焊缝符号为 ╱8▷◁Z，表示为双面角焊缝，焊角尺寸为 8，交错断续焊接。

节点详图中，还表示出高强度螺栓的画法及分布情况。

配合识读杆件图或零件图，可以了解杆件或零件的细部结构和详细尺寸，对整个节点图有一个更全面的理解。

第八章 涵洞工程图

涵洞是埋在路堤下的工程构筑物,用来宣泄少量的水流或通过行人和小型车辆。

8.1 涵洞的类型及组成

涵洞的种类很多,按其洞身的断面形状分为拱涵、盖板箱涵和圆涵。由洞口、洞身和基础三部分组成,如图 8-1~图 8-3 所示。

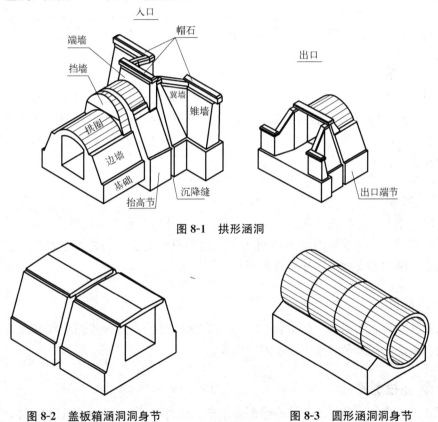

图 8-1 拱形涵洞

图 8-2 盖板箱涵洞洞身节　　　　图 8-3 圆形涵洞洞身节

图 8-1 所示为拱形涵洞,图中标明了各组成部分的名称及各部分的相互关系。

涵洞的两端叫洞口,进水一侧叫入口,出水一侧叫出口。洞口是涵洞的外露部分,构造比较复杂。出口和入口的构造基本相同,由端墙、翼墙、雉墙、帽石等组成。洞口基础是 T 形柱;两翼墙设置成八字形,对称于涵洞的纵向对称面;雉墙是两段垂直于涵洞纵向对称面的梯形柱;端墙、翼墙及雉墙等,上方均有带抹角的帽石。洞口结构可以保证路基和基础免受冲刷。

洞身是涵洞的主要组成部分,埋在路基内。洞身的主要作用是承受各种压力并将其传给地基，保证水流顺畅。洞身由若干洞身节组成，入口处的第一管节为抬高节（也有不设抬高节的），各洞身节之间留有沉降缝，对沉降缝要做防水处理。洞身上部覆盖防水层或黏土保护层。

洞身节由基础、边墙和拱圈组成。基础是长方体；边墙是两个平放的五棱柱，位于基础上方的两侧；拱圈是等厚的圆拱，两端叫拱脚，位于边墙上方，拱脚所在平面通过拱圈的轴线。与抬高节或洞口相邻的洞身节加了一段挡墙，挡墙的一边做成斜面。

在洞门外，还有锥体护坡、防滑墙等附属构筑物。

8.2 涵洞工程图的表达方法

涵洞的表达一般由中心剖面图、半平面和半基顶剖面图、出口和入口正面图及剖面图等组成。除此之外，有些细节部分还需要画出构造详图，如图 8-4 所示。

一、正面图

正面图又称中心剖面图。涵洞是窄而长的构筑物，所以正面图是剖切平面沿涵洞的中心线作纵向剖切后，向 V 面投影而得到的全剖面图。正剖面图表达了涵洞各部分的相对位置及连接关系，如洞身节数、洞高、基础纵断面形状、洞底铺砌厚度及材料等。若涵洞较长，可采用断开画法。

二、平面图

平面图为半平面半基顶剖面图。半平面图主要表达各洞身节的宽度、洞口、帽石、翼墙等平面形状和尺寸。半剖面图是剖切面通过基顶平面剖切后得到的水平投影，主要表达翼墙、边墙水平断面的形状、尺寸及材料等。

三、侧面图

侧面图分左侧立面图和右侧立面图。主要表达出口、入口的正面形状和尺寸，包括端墙、雉墙、翼墙的外形及与锥体护坡的关系等。

四、其他投影图

除了 3 个基本投影外，还常用一些剖面图来表达各洞身节的断面形状和尺寸。由于涵洞前后对称，所以可以将各剖面图以对称中心线为界各画一半。另外，拱圈的结构在总图中没有表达清楚，所以用拱圈图单独表达。

8.3 识读涵洞工程图

以图 8-4 为例，说明识读涵洞工程图的方法步骤。

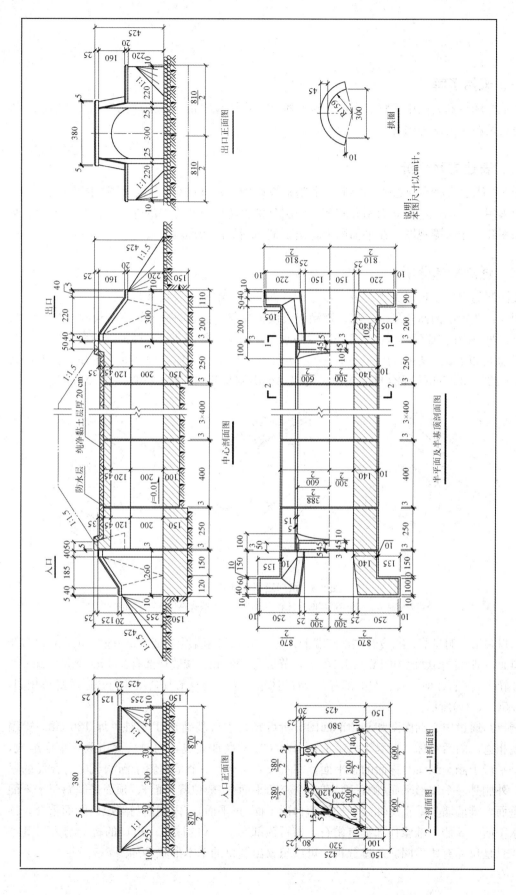

图8-4 拱形涵洞图

一、概括了解

先从标题栏和说明中了解涵洞的名称、种类、主要技术指标、图样比例、尺寸单位、各部分材料及施工要求等内容。

二、表达方案分析

图 8-4 所示为涵洞的总图。用了 4 个基本投影图，正面图（中心剖面图）中采用了全剖，平面图采用了半剖，左侧立面图和右侧立面图分别表达出口和入口的外形。此外，采用了两处剖面图和一个拱圈视图。在平面图上标出了剖面图的剖切部位。

三、详细构造分析

按涵洞的组成及投影关系，进一步分析各部分的详细构造及尺寸。

洞身：从中心剖面图可以看出，该涵洞没设抬高节，普通洞身节每节节长为 400 cm，共有 4 节，两节间的沉降缝 3 cm，缝外铺设防水层；洞身上部铺 20 cm 厚的纯净黏土层。结合 2—2 剖面可以看出，基础为 400 cm×600 cm×100 cm 的长方体，边墙为五棱柱，孔的净高为 200+120=320 cm。结合拱圈投影，可以想象出洞身节的形状，如图 8-5(a)所示。

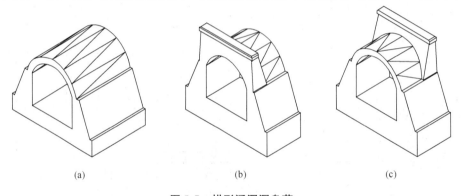

图 8-5 拱形涵洞洞身节
(a)普通洞身节；(b)带端墙的洞身节（正面）；(c)带端墙的洞身节（背面）

入口端第一洞身节（端节）的拱顶左端上方是一端墙，端墙顶厚 55 cm，底厚 100 cm；右侧做成斜面，基础的高度比中间节高出 50 cm，节长为 250 cm。端墙顶部有 390 mm×50 mm×25 mm 的帽石，帽石在前、后、左侧都有 5 cm 的抹角。第一洞身节其余尺寸与普通洞身节相同，如图 8-5(b)、(c)所示。

洞口：通过中心剖面图和基顶剖面图分析可知，入口基础是 T 形柱，厚 150 cm。雉墙和翼墙相连，前后对称。翼墙为八字形，由两个棱柱叠加而成，内侧表面由两个平面组成，一个是平行于涵洞纵向对称面的正平面，左右长 40 cm，一个是倾斜于涵洞纵向对称面的铅垂面；外侧是一个梯形平面（侧垂面）和一个三角平面（一般位置平面）；顶面是倾斜于水平面的正垂面。雉墙墙身垂直洞轴线，外侧为梯形平面（正平面），内侧面与翼墙内侧面重合，顶面是水平面。翼墙、雉墙顶部都有帽石，帽石顶部有 5 cm 的抹角。出口的构造与入口基本相同，只是尺寸有些不同。通过分析，可以想象出洞口的基本形状，如图 8-6 所示。

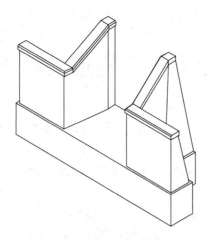

图 8-6 涵洞出入口

锥体护坡和沟床加固：由中心平面图和出口、入口正面图可以看出，顺路堤边坡方向的坡度为 1∶1.5，顺雉墙墙面面坡度为 1∶1 的护坡为 1/4 锥体，锥顶高度由路基边坡与雉墙端面的交点确定。沟床铺砌由出入口起延至锥体护坡之外。

将这几部分综合起来，即可对涵洞的整体形状及尺寸有一个全面的认识。

第九章　隧道工程图

隧道是修建在山体中、地下或水下供车辆通行的建筑物。其组成有洞门、洞身及其他附属构筑物。

洞门形式多样，常见的有端墙式、柱式和翼墙式，如图 9-1 所示。

图 9-1　隧道洞门的形式
(a)端墙式；(b)柱式；(c)翼墙式

图 9-2 所示为翼墙式隧道洞门的构造，其主要结构是端墙和翼墙。

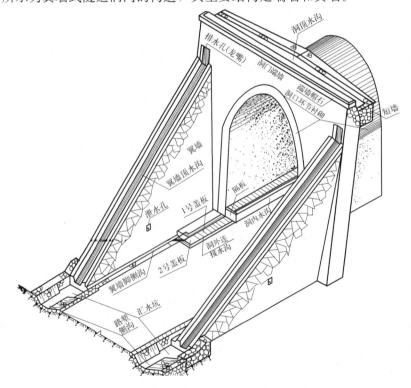

图 9-2　翼墙式遂道洞门的构造

端墙的主要作用是保证仰坡的稳定，阻挡仰坡上的雨水及石块滚落到线路上。端墙顶与仰坡之间设有顶水沟，沟底两侧最低处设有穿过端墙的排水孔。

翼墙位于洞口两侧，用来支撑端墙和保护路堑边坡的稳定。翼墙顶面设置水沟，将仰坡和洞顶汇集的地表水排入路堑侧沟。

洞门的排水系统主要由端墙顶水沟、翼墙顶水沟、翼墙排水沟及路堑侧沟等组成。

隧道工程图包括洞门图、洞身衬砌断面图及避车洞图等。

9.1　隧道的洞门图

一、隧道洞门图表达方法

隧道洞门一般需要三个基本投影和适当位置的断面图。对于复杂的结构，如排水系统等，还需要详图来表达。

如图 9-3 所示，隧道洞门图由正面图、平面图、1—1 剖面图及断面图组成。

正面图是向洞门的正面投影而得到的投影图。正面图主要表达了洞门和衬砌的形状和尺寸，端墙的正面形状和尺寸，端墙、衬砌、翼墙等的位置关系。

平面图主要表达洞门处排水系统的各组成部分及平面位置关系。

1—1 剖面图是沿隧道中心纵向剖切而得到。表达了端墙的断面形状和尺寸，端墙顶水沟的侧面形状和尺寸，以及端墙、端墙顶水沟及仰坡的倾斜度等。

2—2 断面和 3—3 断面图分别表达翼墙顶水沟断面形状和尺寸、翼墙的倾斜度、厚度及底部有无水沟等情况。

二、识读隧道洞门图

1. 概括了解

先从标题栏和说明中了解隧道洞门的名称、类型、主要技术指标、图样比例、尺寸单位、各部分材料及施工要求等内容。

2. 表达方案分析

图 9-3 所示为翼墙式隧道洞门图。采用了 5 个投影图，正面图、平面图、1—1 剖面图及两个断面图，在正面图和 1—1 剖面图中标出了剖切位置。

3. 详细构造分析

按洞门的组成及投影关系，逐一分析各部分的详细结构，想象出洞门的总体形状及大小。

(1)端墙：由正面图和 1—1 剖面图可以看出，洞门端墙的坡度为 10∶1，背面靠山。端墙的长度为 1 026 cm，厚度为 80 cm。端墙顶部有顶帽，顶帽的平面形状反映在平面图上，除后部外，其余三边均有抹角，抹角尺寸为 10 cm。

端墙背面上方有顶水沟，从 1—1 剖面图可以看出，排水沟断面形状下窄上宽，沟深度为 40 cm，沟底宽 60 cm。从正面图可以看出，用虚线表示的排水沟从中间向两侧倾斜，坡度为 $i=0.05$；沟的两端有厚 30 cm、高 200 cm 的挡水短墙，用虚线表示在 1—1 剖面图中。沟的底部两侧有排水管。再由平面图可以看出，沟里的水经排水沟两端的排水管流到端墙外墙面的凹槽里，再流入翼墙顶部的排水沟里。

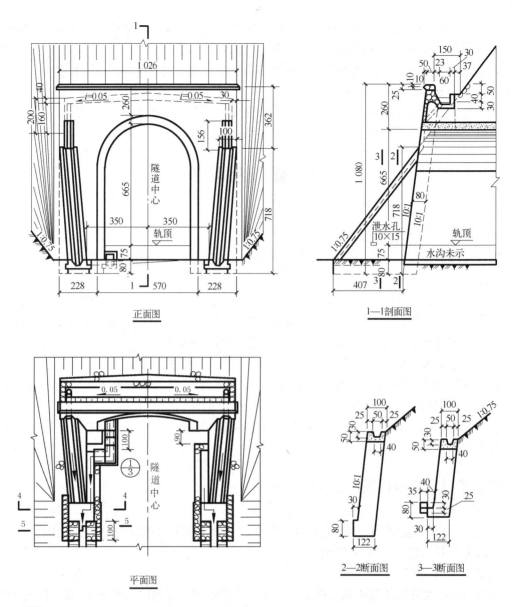

图 9-3 翼墙式隧道洞门图

说明：

1. 材料：端墙为 M10 浆砌片石，块石镶面；端墙顶水沟为 M7.5 浆砌片石；顶帽为 C15 混凝土。翼墙为 M10 浆砌片石，顶部用 C15 混凝土整体灌注。
2. 本图单位除标高外，均以 cm 计。

端墙顶水沟靠山坡一侧的沟岸顶面为两个梯形正垂面，与仰坡的交线为两条一般位置直线，平面图中最后面两条斜线就是交线的水平投影。从正面图中可以看出，沟岸顶面（正垂面）从中间向两侧倾斜，坡脊线（两正垂面交线）为正垂线。为保证沟底宽度不变，靠洞口一侧的壁面作成扭曲面，该面的上下两边不在同一平面内，上边线是端墙顶的水平线，而下边线为沟底边的角线（正平线），沟前壁的坡度从中间向两边逐渐变陡。

（2）翼墙：从正面图和平面图上看出，翼墙位于端墙两端，分别向路堑两边的山坡倾斜。

结合1—1剖面图可以看出，翼墙形状接近三棱柱。从2—2断面图中可以看出翼墙的坡度为10∶1，翼墙厚度为100 cm，还可以看出翼墙基础的厚度和高度，以及墙顶排水沟的断面形状和尺寸。3—3断面图表示基础厚度有改变，墙底角有40 cm宽的排水沟。在1—1剖面上可以看出，翼墙下部有一10 cm×15 cm的泄水孔，用来排出翼墙背面积水。

(3)侧沟：图9-4中4—4剖面图表达了翼墙端部水沟的连接情况。从图9-3的平面图和4—4剖面图可以看出，翼墙顶部排水沟和翼墙脚处侧水沟的水流入汇水坑后，再从路堑侧沟排走。5—5断面图表达了路堑侧沟的断面形状。4—4剖面图和5—5断面图的剖切位置标注在图9-3中。

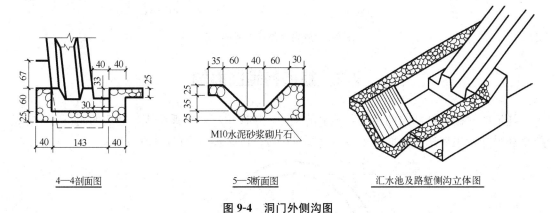

图9-4 洞门外侧沟图

图9-5中的详图 $\frac{1}{3}$，绘制的是图9-3中的索引部分，采用了1∶40的放大比例，图中标出了沟上部两种编号的钢筋混凝土盖板。该详图又作了两处剖切，其中6—6剖面图采用了1∶20的比例，比较详细地表达了洞内、外侧沟的连接关系、细部结构形状及尺寸。7—7剖面图对洞内外侧沟边墙的关系，由高到低连接处的隔板、洞外边墙的进水口及进水口的间距等又做了进一步的表达。剖面图表达了洞口外侧水沟横断面的形状及尺寸。从6—6、7—7、8—8剖面图可以看出，侧沟是混凝土的槽，断面形状是矩形，内、外侧沟底在同一水平面上，沟宽是40 cm，洞内沟深为98－30＝68 cm，洞内沟深为28 cm等。在洞口处侧沟边墙高度变化的地方设有隔板，以防道砟掉入沟内。在洞外侧沟的边墙上开有进水孔，孔距为40～100 cm。

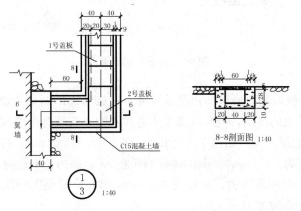

图9-5 洞内外侧沟关系图(一)

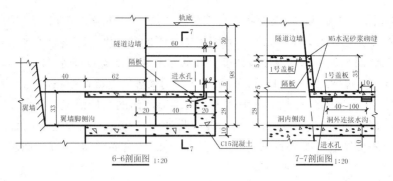

说明：本图尺寸均以厘米计。

图 9-5　洞内外侧沟关系图(二)

9.2　隧道衬砌断面图

隧道的衬砌包括两边的边墙和顶上的拱圈，拱圈由三段圆弧组成。隧道的洞身有不同的类型和尺寸，主要用横断面图来表达。图 9-6 为直边墙式隧道衬砌断面图。

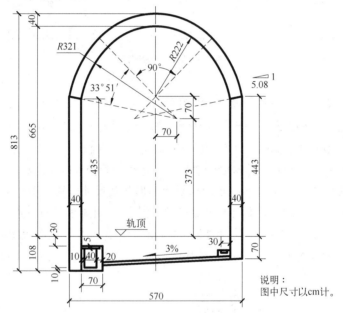

图 9-6　隧道衬砌断面图

图 9-6 表达了衬砌的断面形状、构造及尺寸。衬砌断面的两边边墙基本形状为长方形，上部为由三段圆弧组成的拱圈，衬砌底部左侧有排水沟、右侧有电缆沟。其总宽为 570 cm，总高为 813 cm。边墙厚为 40 cm，左边墙高为 108+435=543 cm，右边墙高为 70+443=513 cm，起拱线坡度为 1∶5.08。拱圈的顶部圆弧在 90°范围内，半径为 222 cm，两边的两段圆弧在圆心角为 33°51′的范围内，半径为 321 cm，圆心位置距中心线 70 cm，高度距轨顶 373 cm。下部道床底面坡度为 3%。

9.3 避车洞图

在隧道两侧边墙上,沿线路方向每隔一定距离设置的供维修人员躲避列车或临时存放器材的洞室为避车洞。避车洞有大小之分,交错设置在隧道两侧边墙上。小避车洞一般每隔 30 m 设置一个,大避车洞每隔 150 m 设置一个。为表示隧道内大、小避车洞的位置,常需画出避车洞的位置示意图,如图 9-7 所示。

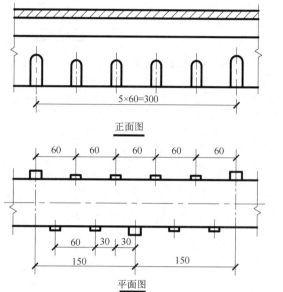

图 9-7 大、小避车洞位置示意图

这种图纵向和横向通常采用不同比例,如图示纵向比例为 1∶2 000,横向比例为 1∶200。图 9-8、图 9-9 所示为大小避车洞的详图,表达了避车洞的形状、构造和尺寸。

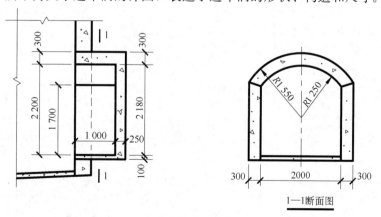

图 9-8 小避车洞图

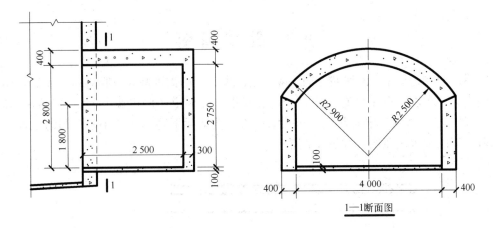

图 9-9 大避车洞图

第十章 机 械 图

在铁道工程、道路交通及房屋建筑中，经常用到各种机械设备及机械零件，会遇到各种机械图，因此，建筑工程技术人员应当具备识读机械图的能力。

机械图和建筑工程图的作图基本原理及表达方法等有很多共同之处，但由于机械和建筑属于不同的行业，因此，两种图样又有各自的特点，存在不同之处。

机器是由若干部件和零件组成的。因此，机械图中有两种重要图样，即零件图和装配图。每种图样都有各自的规定画法及简化画法。有些零件和部件已经标准化，在图样中有相应的代号及规定画法。另外，在读零件图和装配图时，要遵守国家标准《机械制图》的有关规定，学会查阅相关的制图标准。

10.1 机械制图标准简介

一、图线

机械图的图线一般常用两种线宽。粗线的宽度为 d，细线的宽度为 $d/2$。国家标准《机械制图 图样画法 图线》中规定了9种线型。各种线型的代码、名称、型式、线宽及一般应用见表10-1。各种图线应用如图10-1所示。

表10-1 图线

代码 No.	名称	型式	线宽	一般应用
01.1	细实线	——————	$d/2$	1. 尺寸线、尺寸界线； 2. 指引线和基准线； 3. 剖面线； 4. 过渡线； 5. 重合断面的轮廓线； 6. 短中心线； 7. 螺纹牙底线
	波浪线	～～～	$d/2$	断裂处边界线；视图与剖视图的分界线
	双折线	—⌒—⌒—	$d/2$	断裂处边界线；视图与剖视图的分界线
01.2	粗实线	——————	d	1. 可见棱边线； 2. 可见轮廓线； 3. 相贯线； 4. 螺纹牙顶线及螺纹长度终止线； 5. 齿顶圆(线)
02.1	细虚线	— — — —	$d/2$	1. 不可见棱边线； 2. 不可见轮廓线

续表

代码 No.	名称	型式	线宽	一般应用
02.2	粗虚线	━ ━ ━ ━ ━ ━	d	允许表面处理的表示线
04.1	细点画线	—·—·—·—·—·—	$d/2$	1. 轴线； 2. 对称中心线； 3. 分度圆(线)； 4. 孔系分布的中心线； 5. 剖切线
04.2	粗点画线	—·—·—·—·—·—	d	限定范围表示线
05.1	细双点画线	—··—··—··—··—	$d/2$	1. 相邻辅助零件的轮廓线； 2. 可动零件的极限位置的轮廓线； 3. 剖切面前的结构轮廓线； 4. 轨迹线

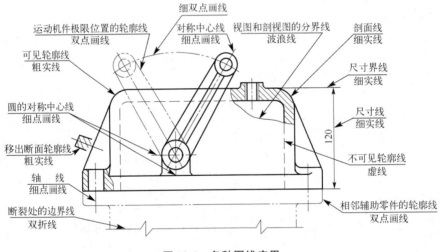

图 10-1　各种图线应用

二、尺寸注法

(1) 机件的真实大小应以图样上所标注的尺寸数值为依据，与图形大小及绘图的准确度无关。

(2) 图样中(包括技术要求及说明)的线性尺寸，以毫米为单位时，不需要标注计量单位的代号或名称。如采用其他单位如英寸、度等，则必须注明相应计量单位的代号及其名称。

(3) 图样中所注的尺寸，应为该图样所示机件的最后完工尺寸，否则应另加说明。

(4) 机件上的每一尺寸，一般只标注一次，并标注在反映该结构最清晰的图形上。

(5) 标注尺寸时，应尽可能采用符号和缩写词，常用的符号和缩写词见表 10-2。

表 10-2 常用符号及缩写词

含 义	符号或缩写词	含 义	符号或缩写词
直 径	φ	深 度	↓
半 径	R	沉孔或锪平	⊔
球直径	Sφ	埋头孔	∨
球半径	SR	弧 长	⌒
厚 度	t	斜 度	∠
均 布	EQS	锥 度	◁
45°倒角	C	展开长	⌔
正方形	□	型材截面形状	(按 GB/T 4656.1—2000)

（6）尺寸界线用细实线绘制，并应由图形的轮廓线、轴线或对称中心线引出，尽量引在图形外。尺寸标注的起止符号，在机械图上一般采用箭头标注，位置不够时可画成小圆点，如图 10-2(a)所示。常见尺寸注法如图 10-2(b)所示。

（7）零件上的常见典型结构尺寸注法见表 10-3、表 10-4。

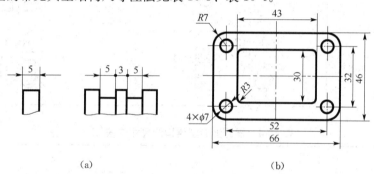

(a)　　　　　　　　(b)

图 10-2 尺寸标注示例

表 10-3 零件上典型结构的尺寸注法（一）

序号	类型		简化注法	简化前注法
1	光孔	一般孔	4×φ5↓10　　4×φ5↓10	4×φ5
2		精加工孔	4×φ5⁺⁰·⁰¹²↓10 孔↓12　　4×φ5⁺⁰·⁰¹²↓1 孔↓12	4×φ5⁺⁰·⁰¹²
3		锥孔	锥销孔φ5 配作　　锥销孔φ5 配作	锥销孔φ5 配作

续表

序号	类型		简化注法	简化前注法
4	沉孔	锥形沉孔	4×φ7 ⌵φ13×90° 4×φ7 ⌵φ13×90°	90° φ13 / 4×φ7
5		柱形沉孔	4×φ7 ⊔φ13▼3 4×φ7 ⊔φ13▼3	φ13 / 3 / 4×φ7
6		锪平沉孔	4×φ7 ⊔φ13 4×φ7 ⊔φ13	φ13 锪平 / 4×φ7
7	螺孔	通孔	2×M8-6H 2×M8-6H	2×M8-6H
8		不通孔	2×M8-6H▼10 ▼12 2×M8-6H▼10 ▼12	2×M8-6H / 10 / 12

表10-4 零件上典型结构的尺寸注法(二)

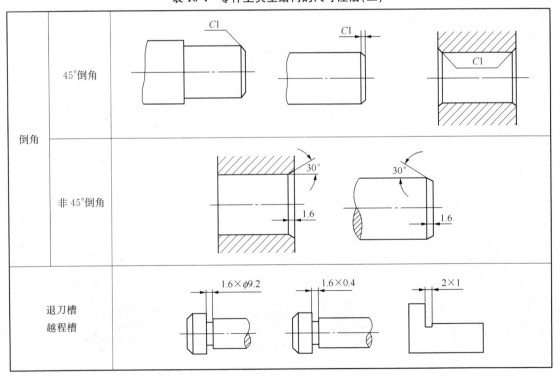

三、斜度和锥度的标注

(1)斜度：一直线对另一直线或一平面对另一平面的倾斜程度称为斜度，斜度符号及注法如图10-3所示。

(2)锥度：正圆锥底圆直径与圆锥长度之比称为锥度，锥度符号及注法如图10-4所示。

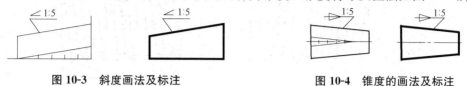

图10-3 斜度画法及标注　　　　　图10-4 锥度的画法及标注

10.2 标准件和常用件

机器中广泛应用的螺栓、螺母、垫圈、键、销、滚动轴承等零件为标准件。为了适应专业化大批量生产、提高产品质量及降低成本的需要，对这类零件，从结构、尺寸到成品质量，国家标准全部都有明确规定，施行了标准化。

还有一些零件，如齿轮、花键、弹簧等的结构和尺寸只是部分施行了标准化，但这类零件应用也十分广泛，通常称其为常用件。

为了提高绘图效率，国标规定，对于上述零件的某些结构和形状，不必按其真实投影画出，而是根据规定的简化画法绘图。

一、螺纹及螺纹紧固件

(一)螺纹

螺纹是零件上常见的一种结构，常用于零件之间的紧固、传动和管子的连接。国家标准对螺纹的结构、尺寸、画法和标注都作了规定。

1. 螺纹的形成

螺纹是圆柱或圆锥表面上，沿着螺旋线所形成的具有相同断面形状的凸起和凹槽。在圆柱(或圆锥)外表面上形成的螺纹称为外螺纹，在圆柱(或圆锥)内表面上形成的螺纹称为内螺纹。

2. 螺纹要素

(1)牙型。在通过螺纹轴线的断面上，螺纹断面的轮廓形状称为牙型。相邻两侧边的夹角为牙型角。标准螺纹的牙型有三角形、梯形和锯齿形，如图10-5所示。

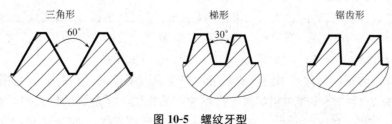

图10-5 螺纹牙型

(2)螺纹直径。大径：与外螺纹牙顶圆或内螺纹牙底圆相重合的假想圆柱面的直径。内、外螺纹的大径分别用 D 和 d 表示，如图 10-6 所示。标准中，螺纹的大径规定为公称直径。小径：与外螺纹牙底圆或内螺纹牙顶圆相重合的假想圆柱面的直径，称为小径。中径：在大径和小径之间有一个假想圆柱，该假想圆柱面直径称为中径。

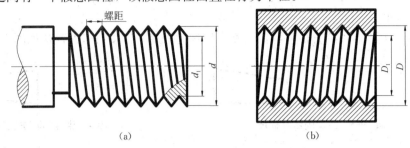

图 10-6　螺纹直径

(a)外螺纹；(b)内螺纹

(3)线数(n)。螺纹有单线和多线之分。沿一条螺旋线形成的螺纹称为单线螺纹；沿两条或两条以上在轴向等距离分布的螺旋线形成的螺纹称为双线或多线螺纹。如图 10-7 所示。

(4)螺距(P)与导程(P_h)。相邻两牙在中径线上对应两点间的轴向距离，称为螺距。同一条螺旋线上相邻两牙在中径线上对应两点间的轴向距离称为导程。螺纹导程等于螺距乘以线数，即：$P_h = nP$。

(5)旋向。螺纹分左旋和右旋两种，如图 10-8 所示。顺时针旋入时为右旋，反之为左旋，工程上常用右旋螺纹。

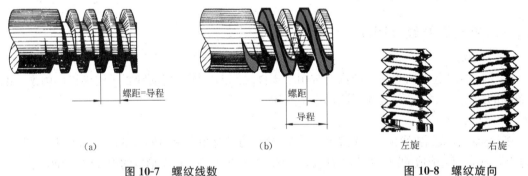

图 10-7　螺纹线数

(a)单线；(b)双线

图 10-8　螺纹旋向

(二)螺纹的规定画法

(1)外螺纹。外螺纹的牙顶(大径)用粗实线表示；牙底(小径)用细实线表示，且细实线要画入螺杆倒角或倒圆部分；螺纹终止线用粗实线表示。投影为圆的视图，大径用粗实线，小径的细实线只画约 3/4 圆；倒角投影不画，如图 10-9(a)所示。

(2)内螺纹。内螺纹通常采用剖视图画出，并规定内螺纹的牙顶(小径)用粗实线；牙底(大径)用细实线；螺纹终止线用粗实线；投影为圆的视图，牙底圆的细实线只画约 3/4 圆；倒角投影不画，如图 10-9(b)所示。内螺纹不剖时，画成细虚线，如图 10-9(c)所示。不通孔的螺纹应将钻孔深度和螺孔深度分别画出，钻孔深度画图时一般取 $0.5D$。钻孔底部的锥顶角按 120°绘出，如图 10-9(d)所示。

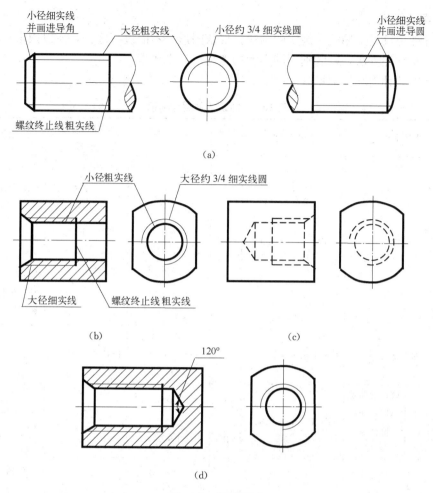

图 10-9 螺纹画法
(a)外螺纹画法；(b)内螺纹画法(剖开)；
(c)内螺纹画法(不剖)；(d)内螺纹不通孔画法

(3)内外螺纹旋合画法。以剖视图表示内外螺纹旋合时，螺纹旋合部分按外螺纹的画法表示，其余部分仍按各自的画法表示，应注意表示大、小径的粗、细实线对齐，如图10-10所示。

(三)螺纹的类型和标注

1. 螺纹的类型

螺纹按牙型可分为三角形螺纹、梯形螺纹和锯齿形螺纹及矩形螺纹。

按螺纹的用途，螺纹可分为连接螺纹和传动螺纹。常用的连接螺纹有普通螺纹(又分为粗牙和细牙普通螺纹)和管螺纹。它们的牙型均为三角形。普通螺纹的牙型角为60°，管螺纹的牙型角为55°和60°。常用的传动螺纹是梯形螺纹，梯形螺纹的牙型角是30°，在一些特定情况下也用锯齿形螺纹和矩形螺纹。

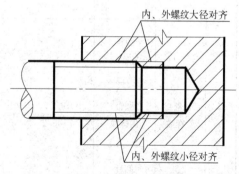

图 10-10 内外螺纹旋合画法

2. 螺纹的标记

由于各种螺纹是采用统一规定的画法，仅从图形上不能进行区分，所以国家标准规定了螺纹的标记及标注方法，以区别不同类型的螺纹及基本要素。

常用螺纹的种类和标记见表 10-5。

表 10-5 螺纹的种类与标记

序号	螺纹类别		标准编号	特征代号	标记示例	螺纹副标记示例	附注
1	普通螺纹		GB/T 197—2003	M	M8×1-LH M8 M16×Ph6P2 -5g6g-L	M20-6H/5g6g M6	粗牙不注螺距，左旋时加"-LH"；中等公差精度（如6H、6g）不注公差带代号；中等旋合长度不注 N（下同）；多线时注出 P_h（导程）、P（螺距）
2	梯形螺纹		GB/T 5796.4—2005	Tr	Tr40×7-7H Tr40×14(P7) LH-7e	Tr36×6-7H/7c	
3	60°密封管螺纹	圆锥管螺纹（内、外）	GB/T 12716—2002	NPT	NPT6		左旋时加"-LH"
		圆柱内螺纹		NPSC	NPSC3/4		
4	55°非密封管螺纹		GB/T 7307—2001	G	G1½A G1/2-LH	G1½A	外螺纹公差等级分 A 级和 B 级两种；内螺纹公差等级只有一种。表示螺纹副时，仅需标注外螺纹的标记
5	55°密封管螺纹	圆锥外螺纹	GB/T 7306.1~7306.2—2000	R_1	$R_1$3	$R_c/R_2$3/4 $R_p/R_1$3	R_1：表示与圆柱内螺纹相配合的圆锥外螺纹；R_2：表示与圆锥内螺纹相配合的圆锥外螺纹；内外螺纹均只有一种公差带，故省略不注。表示螺纹副时，尺寸代号只注写一次
				R_2	$R_2$3/4		
		圆锥内螺纹		R_c	Rc1½-LH		
		圆柱内螺纹		R_p	R_p½		

除管螺纹外，在视图上螺纹标记的标注同线性尺寸标注方法相同，管螺纹标注是用指引线从大径上引出标注，如图 10-11 所示。

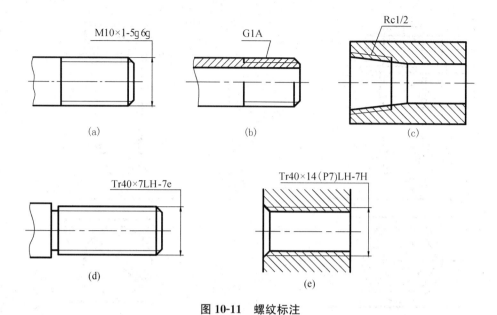

图 10-11 螺纹标注

(四) 螺纹紧固件及其连接

常用的螺纹紧固件有螺栓、双头螺柱、螺钉、螺母和垫圈等,如图 10-12 所示。常用的螺纹连接有螺栓连接、双头螺柱连接和螺钉连接。图 10-13 为螺栓连接的简化画法。图 10-14 为双头螺柱连接的简化画法。图 10-15 为螺钉连接的简化画法。

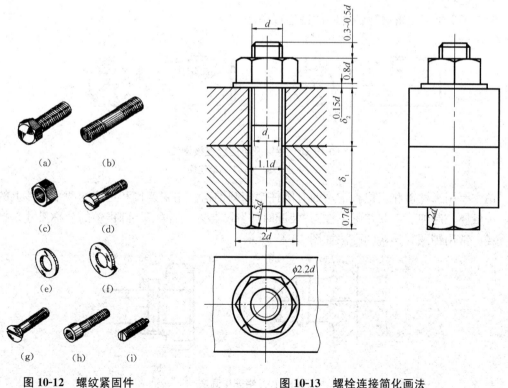

图 10-12 螺纹紧固件

图 10-13 螺栓连接简化画法

169

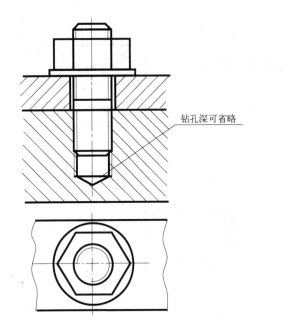
图 10-14 双头螺柱连接简化画法

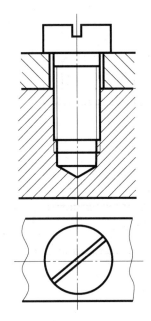
图 10-15 螺钉连接简化画法

二、键连接和销连接

键用于连接轴与装在轴上的传动件，如齿轮、带轮等，使轴与传动件不致产生相对运动，以传递转矩。

图 10-16 所示为轮毂与轴之间的键连接画法。

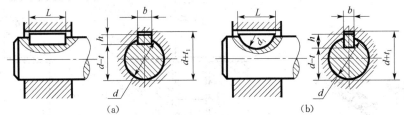
图 10-16 平键及半圆键连接画法
(a)平键连接；(b)半圆键连接

销主要用来连接和定位。常用的有圆柱销和圆锥销。用销连接和定位的两个零件上的销孔，一般要一起加工，并在图上注写"装配时作"或"与××件配"。圆锥销的公称尺寸是指小端直径。常用销及其连接的画法如图 10-17 所示。

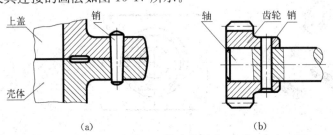
图 10-17 销连接画法
(a)圆锥销连接；(b)圆柱销连接

三、齿轮

齿轮是用于两轴之间传递运动或动力的零件,图 10-18 为常用的齿轮传动形式。圆柱齿轮用于平行两轴间的传动,圆锥齿轮用于相交两轴间的传动,蜗杆、蜗轮用于垂直交叉两轴间的传动。本节只介绍表达圆柱齿轮的基本知识。

(a)　　　　　　　　(b)　　　　　　　　(c)

图 10-18　齿轮传动

(a)圆柱齿轮传动；(b)圆锥齿轮传动；(c)蜗杆蜗轮传动

1. 直齿轮各部分名称及尺寸关系

直齿轮各部分名称,如图 10-19 所示。

(1)齿数 Z：齿轮的轮齿数。

(2)齿顶圆(直径 d_a)：通过轮齿顶部的圆。

(3)齿根圆(直径 d_f)：通过轮齿根部的圆。

(4)分度圆(直径 d)：在标准齿轮中,齿厚 s 与齿槽宽 e 相等处的圆。

(5)齿高 h：齿轮在齿顶圆和齿根圆之间的径向距离。

(6)齿顶高 h_a：齿顶圆与分度圆的径向距离。

(7)齿根高 h_f：分度圆与齿根圆之间的径向距离。

(8)齿距 P：相邻两齿同侧齿廓在分度圆上的弧长。

(9)模数 m：模数是齿距 P 与圆周率之比值,即：$m=P/\pi$。模数是标准参数。

(10)中心距 a：两啮合齿轮中心之间的距离。

直齿圆柱齿轮各基本尺寸的计算公式见表 10-6。

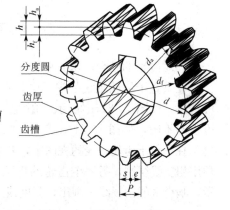

图 10-19　齿轮各部分名称

表 10-6　标准直齿圆柱齿轮的尺寸计算公式

基本参数：模数 m,齿数 Z		
名　称	符　号	计算公式
齿距	P	$P=\pi m$
齿顶高	h_a	$h_a=m$
齿根高	h_f	$h_f=1.25m$
齿高	h	$h=2.25m$
分度圆直径	d	$d=mZ$
齿顶圆直径	d_a	$d_a=m(Z+2)$
齿根圆直径	d_f	$d_f=m(Z-2.5)$
标准中心距	a	$a=m(Z_1+Z_2)/2$

2. 圆柱齿轮的画法

齿轮画法规定：齿顶圆和齿顶线用粗实线绘制；齿根圆和齿根线用细实线绘制，可以省略；在剖视图中，齿根线用粗实线绘制。

单个齿轮一般用两个视图表示齿轮，其画法如图 10-20(a)所示。在剖视图中，当剖切平面通过齿轮的轴线时，齿轮轮齿部分一律按不剖处理，如图 10-20(b)所示。若为斜齿或人字齿，则可画成半剖视图或局部视图，并用三条细实线表示轮齿的方向，如图 10-20(c)、(d)所示。

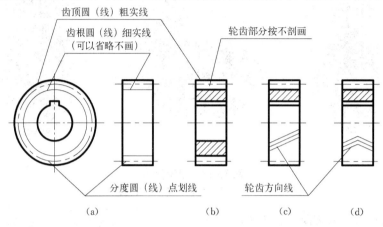

图 10-20　单个齿轮画法

一对齿轮的啮合画法如图 10-21 所示。

在垂直于齿轮轴线的视图中，啮合区的齿顶圆均用粗实线绘制，如图 10-21(a)所示，也可省略，如图 10-21(d)所示。用细点画线画出相切的两分度圆，两齿根圆用细实线画出，也可省略不画，如图 10-21(a)、(d)所示。

在平行于齿轮轴线的视图中，若取剖视，如图 10-21(b)所示，在啮合区内，一个齿轮的齿顶用粗实线绘制，另一个齿轮的齿顶被遮挡部分用虚线绘制。画外形图时，如图 10-21(c)所示，啮合区的齿顶线不画出，分度线用粗实线绘制，其他部分的分度线仍用细点画线绘制。

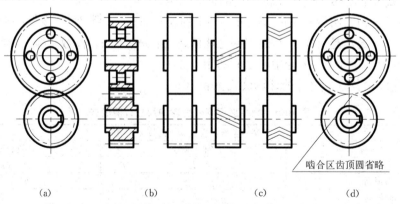

图 10-21　圆柱齿轮啮合画法

四、弹簧

弹簧利用材料的弹性来减震、复位、夹紧和测力等。根据其结构和受力状态，弹簧分为螺旋弹簧、板弹簧、平面涡卷弹簧和蝶形弹簧等。圆柱螺旋弹簧根据受力方向不同，又分为压缩弹簧、拉伸弹簧和扭转弹簧三种，如图10-22所示。

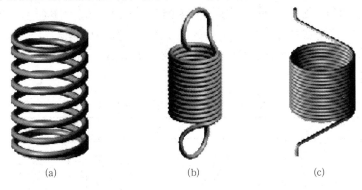

图 10-22　圆柱螺旋弹簧
(a)压缩弹簧；(b)拉伸弹簧；(c)扭转弹簧

1. 圆柱螺旋压缩弹簧的主要参数(图10-23)

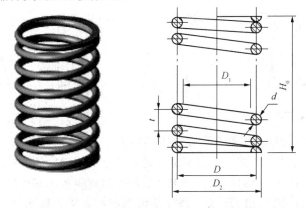

图 10-23　圆柱螺旋压缩弹簧参数

(1)有效圈数 n、总圈数 n_1 和支承圈数 N_z：弹簧中间保持正常节距部分的圈数称为有效圈数。弹簧两端应并紧、磨平，并紧磨平部分的圈数称为支承圈数，支承圈有1.5圈、2圈及2.5圈三种，常见2.5圈。弹簧总圈数 n_1 = 有效圈数 n + 支承圈数 N_z。

(2)弹簧直径。

弹簧外径 D_2：弹簧的最大直径。

弹簧内径 D_1：弹簧的最小直径。

弹簧中径 D：弹簧内径和外径的平均值称为中径，$D=(D_1+D_2)/2$。

(3)线径 d：制造弹簧所用钢丝的直径。

(4)弹簧节距 t：相邻两有效圈上对应点间的轴向距离。

(5)自由高度(长度) H_0：弹簧无负荷作用时的高度(长度)。$H_0=nt+(N_z-0.5)d$。

(6)弹簧展开长度 L：制造弹簧所用钢丝的长度，$L\approx\pi D_1 n_1$。

2. 圆柱螺旋压缩弹簧的规定画法(表10-7)

(1)圆柱压缩弹簧可画成视图、剖视图或示意图。

(2) 在平行于弹簧轴线的视图中，其各圈的轮廓应画成直线。

(3) 螺旋弹簧均可画成右旋，对必须保证的旋向要求应在"技术要求"中注明。

(4) 螺旋压缩弹簧，如要求两端并紧且磨平时，不论支承圈的圈数多少和末端贴紧情况如何，均按表 10-7 的形式绘制。必要时也可按支承的实际结构绘制。

(5) 有效圈数在 4 圈以上的螺旋弹簧，中间部分可省略不画，长度也可适当缩短，但应画出簧丝中心线。

表 10-7　圆柱螺旋压缩弹簧的画法

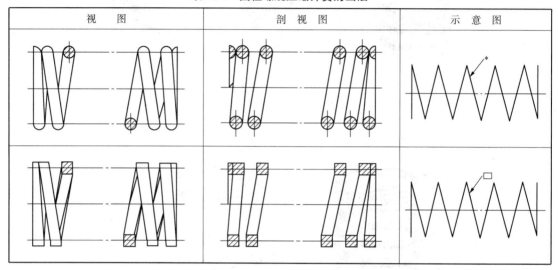

图 10-24 所示为圆柱螺旋弹簧在装配图中的画法。

在装配图中，弹簧挡住的结构一般不画，可见部分应从弹簧的外轮廓线或从弹簧钢丝剖面的中心线画起，如图 10-24(a)所示。被剖切的弹簧簧丝直径小于或等于 2 mm 时，簧丝截面可以涂黑表示，如图 10-24(b)所示；若弹簧内部还有零件需要表达，也可以用示意图表示，如图 10-24(c)所示。

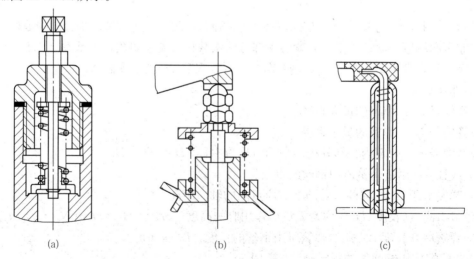

图 10-24　圆柱螺旋压缩弹簧在装配图中的画法

10.3 零件图

在机器制造中,用于加工零件的图样,称为零件图。零件图作为生产的基本技术文件,应当提供生产零件所需的全部技术资料,所以要详细正确地表达零件结构形状与尺寸、质量要求、材料及其热处理等技术要求。因此,一张零件图应具备以下内容。

(1)一组图形:完整、清晰地表达出零件的结构形状。

(2)零件尺寸:齐全、清晰、合理地标注出零件的全部尺寸,表明形状大小及其相互位置关系。

(3)技术要求:用规定的符号、数字或文字说明制造、检验时应达到的技术指标,如尺寸公差、表面粗糙度、形状与位置公差、材料热处理及其他。

(4)标题栏:说明零件名称、材料、数量、作图比例、设计和审核人员、设计和批准年月以及设计单位等。

零件图的识读从以上4个方面入手。以图 10-25 丝杆的零件图为例,简要介绍零件图的识读方法。

(1)标题栏。从标题栏中知道零件名称为丝杆,材料为 45 号中碳钢,比例为 2:1 等内容。

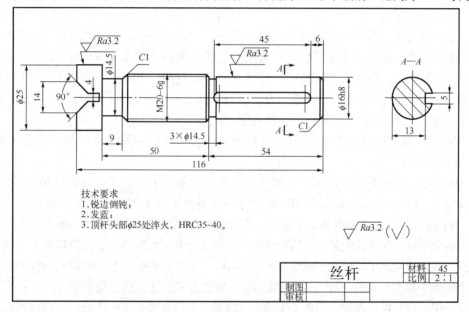

图 10-25　丝杆零件图

(2)视图。表达该零件的视图共有两个,一个主视图,一个移出断面图。从主视图可以看出,零件左段为 $\phi25$ 的圆柱体,左端切去 90°的 V 形槽和 4 mm 宽的矩形槽,中段为 M20-6g 的普通外螺纹,在它的左边注有 9、$\phi14.5$ 两尺寸,为螺纹退刀槽尺寸。根据尺寸 $\phi16h8$ 可知,右段是直径为 $\phi16$ 的圆柱体,结合断面图可知,在圆柱体上切有两侧为半圆形,断面为矩形的平键槽。圆柱左端有 $3\times\phi14.5$ 的砂轮越程槽。

(3)尺寸。零件总长为 116 mm,最大直径为 $\phi25$;圆柱面 $\phi16h8$ 的长度为 $54-3=51$ mm;螺纹长度为 $50-9=41$ mm;键槽的长度为 45 mm,键宽为 5 mm,深度为 $16-13=$

3 mm，键槽距右端面尺寸为 6 mm(为定位尺寸)；C1 为 45°倒角尺寸。图中 M20-6g 表示公称直径为 20 mm，公差带代号为 6g 的普通螺纹，$\sqrt{Ra3.2}$ 表示表面粗糙度。

(4)技术要求。零件图上要注写技术要求，包括表面粗糙度、尺寸公差、形状和位置公差、热处理和表面镀涂层、零件材料和零件加工、检验要求等项目。有技术标准规定的应按规定的代号或符号注写在图上，没有规定的可用文字简明地注写在图样的空白处，一般是写在图样的下方，图 10-21 中标注的尺寸 M20-6g、ϕ16h8，粗糙度符号 $\sqrt{Ra3.2}$ 及图形下方的注写内容都属于技术要求，由文字说明中可以知道，该丝杆杆头热处理后的硬度为 HRC 35～40。

10.4 装 配 图

装配图是表达机器或部件整体结构的一种图样。在设计阶段，一般先画出装配图，然后根据它所提供的总体结构和尺寸，设计绘制零件图；在生产阶段，装配图是编制装配工艺，进行装配、检验、安装、调试以及维修等工作的依据。因此，装配图是生产中不可缺少的重要技术文件。

一张装配图应包含以下内容：

(1)一组视图：用来表达部件的结构、零件之间的装配连接关系、部件的工作运动情况和零件的主要形状等。

(2)必要的尺寸：图上应注出有关性能、规格、安装、外形、配合和连接关系等尺寸。

(3)技术要求：提出有关成品质量、装配、检验、调整、试车等方面的要求。

(4)零件的序号、明细栏和标题栏：零件的名称、材料、数量和标准等内容用图上编写序号、图外列表的方式来说明。标题栏内要填写部件名称、设计单位和人员、日期、作图比例等有关内容，供管理生产、备料、存档查阅之用。

图 10-26 为球阀的装配图。装配图中有标题栏、零件明细表、一组视图和必要的尺寸等。识读装配图内容如下。

(1)从标题栏知道装配体的图名、图号，从零件明细栏中可以了解组成球阀的零件序号、名称、数量、材料等内容。根据明细栏中的序号容易找到每个零件画在装配图中的位置。

(2)球阀装配图用了四个视图，主视图、左视图、俯视图及 B—B 局部剖视图。表达了球阀的整体和各个零件之间的装配关系、相互位置、工作情况及主要零件的结构形状等。主视图采用全剖视图，清晰地表达了阀瓣 2、阀体 1 和 11、阀杆 4 等主要零件以及其他零件之间的相互位置，也表达了阀体 1 和 11、阀杆 4 和手柄 10 的连接、锁紧方式，还表达了密封圈 5、7、8 等防漏装置。从这个图中可分析出阀的作用和工作情况：阀瓣 2 上的水平孔 ϕ80 连通左右阀体的孔道，图示为全开状态，流量最大。转动手柄 10 时，通过阀杆 4 可使阀瓣 2 旋转，借以调节孔道开度的大小。俯视图为外形图，图上用双点画线表示的手柄 10，说明它的另一极限位置(称假想投影)。此时，球阀处于关闭状态。手柄 10 转动的限位装置则由 B—B 剖视图表达。左视图采用半剖视图，通过主、左视图的投影关系及剖面线的方向和间隔，可以看出阀瓣的球形结构形状。结合三个主要视图及剖面线方向，可以看出左阀体的左端球形、右端圆桶形的结构形状。

(3)装配图上还注有规格、装配、安装及外形等几类尺寸。如球阀的通径 ϕ80 为规格尺寸；ϕ25H8/f8 为配合尺寸；240、ϕ154 和 220 为外形尺寸；ϕ113、42 为安装尺寸。

图上还列出了两条技术要求。如关闭阀门时不得有泄漏和装配后进行压力检验，这也是拆画零件图时拟定技术要求的依据。

(4) 零件图与装配图的关系。零件图表达的是机器中单个零件的结构形状、尺寸、各项技术要求，而装配图则表达这些零件怎样组成部件和机器。在装配图上能够找到这些零件的位置，但其他内容不如零件图上表达得详细，其作用不同，所表达的内容也不同。但零件图与装配图又是有联系的，它们都能各有侧重地说明一台机器在加工制造及装配过程中的各项技术指标及要求。

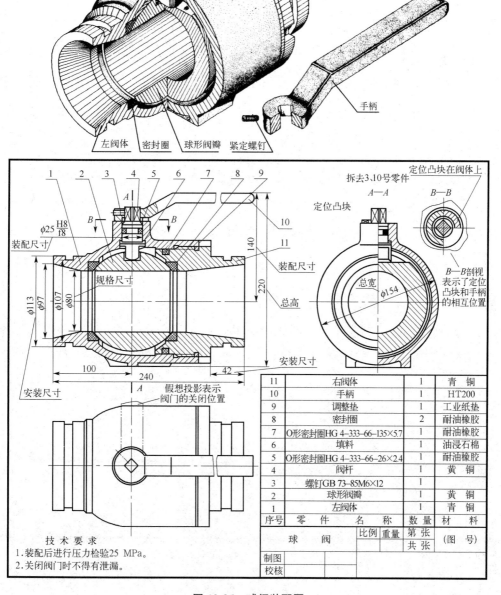

图 10-26 球阀装配图

参 考 文 献

[1] 刘秀芩.工程制图[M].北京：中国铁道出版社，1994.
[2] 宋兆全.画法几何及工程制图[M].北京：中国铁道出版社，2004.
[3] 武晓丽.工程制图[M].北京：中国铁道出版社，2007.
[4] 西南交通大学，北方交通大学，长沙铁道学院.工程制图[M].北京：中国铁道出版社，1983.
[5] 朱冬梅，胥北澜.画法几何及机械制图(第五版)[M].北京：高等教育出版社，2000.